网络空间安全重点规划丛书

Web应用防火墙
技术及应用实验指导

杨东晓　张锋　韩汶汐　王剑利　编著

清华大学出版社
北京

内 容 简 介

本书为"Web 应用防火墙技术及应用"课程的配套实验指导教材。全书分为 4 章,主要内容包括 Web 应用防火墙基本配置、Web 应用防火墙安全防护应用、Web 应用防火墙日志管理与分析、Web 应用防火墙综合实验。

本书由奇安信集团联合高校针对高校网络空间安全专业的教学规划组织编写,既适合作为网络空间安全、信息安全等相关专业的本科生实验教材,也适合作为网络空间安全相关领域研究人员的基础读物。

图书在版编目(CIP)数据

Web 应用防火墙技术及应用实验指导/杨东晓等编著. —北京:清华大学出版社,2019(2022.9重印)
(网络空间安全重点规划丛书)
ISBN 978-7-302-52861-6

Ⅰ. ①W… Ⅱ. ①杨… Ⅲ. ①计算机网络—防火墙技术—教材 Ⅳ. ①TP393.08

中国版本图书馆 CIP 数据核字(2019)第 082668 号

责任编辑:张 民
封面设计:常雪影
责任校对:时翠兰
责任印制:宋 林

出版发行:清华大学出版社
　　　　网　　　址:http://www.tup.com.cn,http://www.wqbook.com
　　　　地　　　址:北京清华大学学研大厦 A 座　　　　邮　　编:100084
　　　　社 总 机:010-83470000　　　　邮　　购:010-62786544
　　　　投稿与读者服务:010-62776969,c-service@tup.tsinghua.edu.cn
　　　　质量反馈:010-62772015,zhiliang@tup.tsinghua.edu.cn
　　　　课件下载:http://www.tup.com.cn,010-83470236
装 订 者:北京中献拓方科技发展有限公司
经　　销:全国新华书店
开　　本:185mm×260mm　　印　　张:19　　字　　数:439 千字
版　　次:2019 年 9 月第 1 版　　印　　次:2022 年 9 月第 3 次印刷
定　　价:49.50 元

产品编号:080617-01

网络空间安全重点规划丛书

编审委员会

出版说明

21世纪是信息时代,信息已成为社会发展的重要战略资源,社会的信息化已成为当今世界发展的潮流和核心,而信息安全在信息社会中将扮演极为重要的角色,它会直接关系到国家安全、企业经营和人们的日常生活。随着信息安全产业的快速发展,全球对信息安全人才的需求量不断增加,但我国目前信息安全人才极度匮乏,远远不能满足金融、商业、公安、军事和政府等部门的需求。要解决供需矛盾,必须加快信息安全人才的培养,以满足社会对信息安全人才的需求。为此,教育部继2001年批准在武汉大学开设信息安全本科专业之后,又批准了多所高等院校设立信息安全本科专业,而且许多高校和科研院所已设立了信息安全方向的具有硕士和博士学位授予权的学科点。

信息安全是计算机、通信、物理、数学等领域的交叉学科,对于这一新兴学科的培养模式和课程设置,各高校普遍缺乏经验,因此中国计算机学会教育专业委员会和清华大学出版社联合主办了"信息安全专业教育教学研讨会"等一系列研讨活动,并成立了"高等院校信息安全专业系列教材"编审委员会,由我国信息安全领域著名专家肖国镇教授担任编委会主任,指导"高等院校信息安全专业系列教材"的编写工作。编委会本着研究先行的指导原则,认真研讨国内外高等院校信息安全专业的教学体系和课程设置,进行了大量具有前瞻性的研究工作,而且这种研究工作将随着我国信息安全专业的发展不断深入。系列教材的作者都是既在本专业领域有深厚的学术造诣,又在教学第一线有丰富的教学经验的学者、专家。

该系列教材是我国第一套专门针对信息安全专业的教材,其特点是:

① 体系完整、结构合理、内容先进。

② 适应面广:能够满足信息安全、计算机、通信工程等相关专业对信息安全领域课程的教材要求。

③ 立体配套:除主教材外,还配有多媒体电子教案、习题与实验指导等。

④ 版本更新及时,紧跟科学技术的新发展。

在全力做好本版教材,满足学生用书的基础上,还经由专家的推荐和审定,遴选了一批国外信息安全领域优秀的教材加入系列教材中,以进一步满足大家对外版书的需求。"高等院校信息安全专业系列教材"已于2006年年初正式列入普通高等教育"十一五"国家级教材规划。

2007年6月,教育部高等学校信息安全类专业教学指导委员会成立大会暨第一次会议在北京胜利召开。本次会议由教育部高等学校信息安全类专业教学指导委员会主任单位北京工业大学和北京电子科技学院主办,清华大学出版社协办。教育部高等学校信息安全类专业教学指导委员会的成立对我国信息安全专业的发展起到重要的指导和推动作用。2006 年,教育部给武汉大学下达了"信息安全专业指导性专业规范研制"的教学科研项目。2007 年起,该项目由教育部高等学校信息安全类专业教学指导委员会组织实施。在高教司和教指委的指导下,项目组团结一致,努力工作,克服困难,历时 5年,制定出我国第一个信息安全专业指导性专业规范,于 2012 年年底通过经教育部高等教育司理工科教育处授权组织的专家组评审,并且已经得到武汉大学等许多高校的实际使用。2013 年,新一届教育部高等学校信息安全专业教学指导委员会成立。经组织审查和研究决定,2014 年,以教育部高等学校信息安全专业教学指导委员会的名义正式发布《高等学校信息安全专业指导性专业规范》(由清华大学出版社正式出版)。

2015 年 6 月,国务院学位委员会、教育部出台增设"网络空间安全"为一级学科的决定,将高校培养网络空间安全人才提到新的高度。2016 年 6 月,中央网络安全和信息化领导小组办公室(下文简称"中央网信办")、国家发展和改革委员会、教育部、科学技术部、工业和信息化部及人力资源和社会保障部六大部门联合发布《关于加强网络安全学科建设和人才培养的意见》(中网办发文〔2016〕4 号)。2019 年 6 月,教育部高等学校网络空间安全专业教学指导委员会召开成立大会。为贯彻落实《关于加强网络安全学科建设和人才培养的意见》,进一步深化高等教育教学改革,促进网络安全学科专业建设和人才培养,促进网络空间安全相关核心课程和教材建设,在教育部高等学校网络空间安全专业教学指导委员会和中央网信办组织的"网络空间安全教材体系建设研究"课题组的指导下,启动了"网络空间安全重点规划丛书"的工作,由教育部高等学校网络空间安全专业教学指导委员会秘书长封化民教授担任编委会主任。本规划丛书基于"高等院校信息安全专业系列教材"坚实的工作基础和成果、阵容强大的编审委员会和优秀的作者队伍,目前已有多部图书获得中央网信办与教育部指导和组织评选的"网络安全优秀教材奖",以及"普通高等教育本科国家级规划教材""普通高等教育精品教材""中国大学出版社图书奖"等多个奖项。

"网络空间安全重点规划丛书"将根据《高等学校信息安全专业指导性专业规范》(及后续版本)和相关教材建设课题组的研究成果不断更新和扩展,进一步体现科学性、系统性和新颖性,及时反映教学改革和课程建设的新成果,并随着我国网络空间安全学科的发展不断完善,力争为我国网络空间安全相关学科专业的本科和研究生教材建设、学术出版与人才培养做出更大的贡献。

我们的 E-mail 地址是:zhangm@tup.tsinghua.edu.cn,联系人:张民。

"网络空间安全重点规划丛书"编审委员会

前 言

没有网络安全,就没有国家安全;没有网络安全人才,就没有网络安全。

为了更多、更快、更好地培养网络安全人才,如今,许多学校都在加大投入,聘请优秀教师,招收优秀学生,建设一流的网络空间安全专业。

网络空间安全专业建设需要体系化的培养方案、系统化的专业教材和专业化的师资队伍。优秀教材是网络空间安全专业人才培养的关键,却也是一项十分艰巨的任务。原因有二:其一,网络空间安全的涉及面非常广,至少包括密码学、数学、计算机、通信工程、信息工程等多门学科,因此,其知识体系庞大、难以梳理;其二,网络空间安全的实践性很强,技术发展更新非常快,对环境和师资要求也很高。

本书为"Web应用防火墙技术及应用"课程的配套实验教材。通过实践教学,理解和掌握Web应用防火墙的基本配置、安全防护功能、日志管理与分析功能的使用,从而培养学生对Web应用防火墙设备的部署、应用和日常运维能力。

本书分为4章。第1章介绍Web应用防火墙基本配置,第2章介绍Web应用防火墙安全防护应用,第3章介绍Web应用防火墙日志管理与分析,第4章介绍课程设计,即Web应用防火墙综合实验。

本书适合作为网络空间安全、信息安全等相关专业的教材。随着新技术的不断发展,今后将不断更新图书内容。

本书编写过程中得到奇安信集团的王嘉、董少飞、白伟、段晓光、裴智勇、翟胜军,以及北京邮电大学雷敏等专家学者的鼎力支持,在此对他们的工作表示衷心的感谢!

由于作者水平有限,书中难免存在疏漏和不妥之处,欢迎读者批评指正。

作 者
2019年5月

目 录

第 1 章

Web 应用防火墙
基本配置

Web 应用防火墙（Web Application Firewall，WAF）用以解决诸如防火墙等传统网络安全设备无法解决的 Web 应用安全问题。WAF 通过执行一系列针对 HTTP/HTTPS 的安全策略专门为 Web 应用提供防护。

其设计目标为：针对安全事件发生时序进行安全建模，分别针对安全漏洞、攻击手段及最终攻击结果进行扫描、防护及诊断，提供综合 Web 应用安全解决方案。

Web 应用防火墙是基于自主知识产权开发的新一代安全产品，作为网关设备，防护对象为 Web、Webmail 服务器。

任何一个单位购置 Web 应用防火墙设备后，需要先完成 Web 应用防火墙基本的系统配置，才能使 Web 应用防火墙的各种应用功能生效。本章主要完成 Web 应用防火墙的系统配置和对象管理实验。

Web 应用防火墙系统配置的第一步就是登录 Web 应用防火墙，Web 应用防火墙登录成功后可在 Web 应用防火墙中添加管理员角色，添加管理员后才可以开始进行 Web 应用防火墙的基本管理；Web 应用防火墙的系统配置完成后需要对 Web 应用防火墙进行对象管理，包括基础对象配置和服务器对象管理，配置好对象之后便可以在 Web 应用防火墙中实现对象所需的防护功能。

1.1 系统配置

1.1.1 Web 应用防火墙登录管理实验

【实验目的】

管理员可以熟练掌握 Web 应用防火墙的多种登录方式，并且能够根据实际的需求使用不同的登录方式管理 Web 应用防火墙。

【知识点】

HTTPS、SSH。

【场景描述】

A 公司部署了一台 Web 服务器对互联网上的用户提供服务，为了保障该 Web 服务器不被外界攻击,公司采购了一台 Web 应用防火墙设备,交给安全运维工程师小王配置。小王现在想登录设备进行配置,请帮小王想想办法,如何通过 HTTPS、SSH 方式登录这台 Web 应用防火墙?

【实验原理】

Web 应用防火墙支持基于图形化界面(WebUI)和基于命令行(CLI)的管理方式,管理员可通过这两种方式对 Web 应用防火墙进行配置、维护和管理。

WebUI 登录方式为用户提供了更直观的人机交互方式,用户可通过 Web 页面对 Web 应用防火墙的网络进行配置,实现 HTTP 协议来访问设备。

另一种是基于 CLI 命令行的登录方式,管理员可以通过 SSH 或者 Telnet 终端访问设备,一般供工程师通过底层调试设备。

访问 Web 应用防火墙的设备需要与 Web 应用防火墙网络连通。

【实验设备】

- 安全设备:Web 应用防火墙设备 1 台。
- 主机终端:Windows XP 主机 1 台,Windows 7 主机 1 台。

【实验拓扑】

实验拓扑如图 1-1 所示。

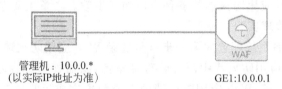

管理机:10.0.0.*
(以实际IP地址为准)   GE1:10.0.0.1

图 1-1　Web 应用防火墙登录管理实验拓扑

【实验思路】

(1) 使用默认的 HTTPS 的方式登录设备。

(2) 使用 SSH 的方式登录设备。

【实验步骤】

(1) 在管理机中打开浏览器,在地址栏中输入 Web 应用防火墙产品的 IP 地址 "https：//10.0.0.1"(以实际设备 IP 地址为准),进入 Web 应用防火墙的登录界面。输入管理员用户名 admin 和口令 admin,单击"登录"按钮,登录 Web 应用防火墙,如图 1-2 所示。

(2) 登录 Web 应用防火墙设备后,会显示它的面板界面,如图 1-3 所示。

【实验预期】

使用管理员用户 admin 不仅可以通过 HTTPS 登录 Web 应用防火墙平台,也可以通过 SSH 的方式登录 Web 应用防火墙平台。

【实验结果】

(1) 在管理机桌面双击 Xshell5。如弹出"会话"界面,关闭该界面。在 Xshell5 界面

图 1-2　Web 应用防火墙登录页面

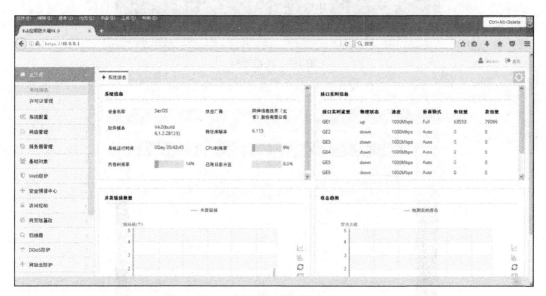

图 1-3　Web 应用防火墙面板界面

中单击 File→New，新建连接，如图 1-4 所示。

（2）在"New Session Properties"界面中，在 Name 中输入"SSH 登录 Web 应用防火墙"，将 Protocol 设置为 SSH，在 Host 中输入"10.0.0.1"。其他保持默认配置，如图 1-5 所示。

（3）单击 OK 按钮，关闭"New Session Properties"界面。在弹出的 Sessions 界面中，单击"SSH 登录 Web 应用防火墙"，单击 OK 按钮，返回 Sessions 界面，单击 Connect 按钮，如图 1-6 所示。

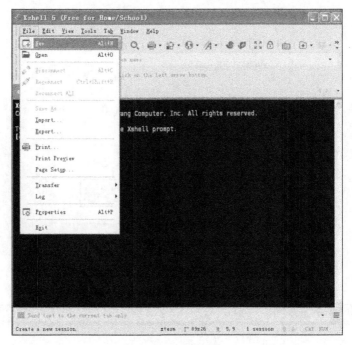

图 1-4　新建连接

图 1-5　设置会话属性

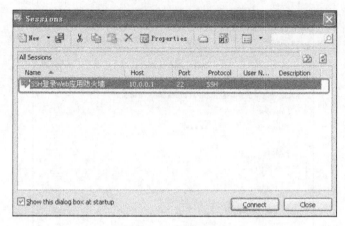

图 1-6　连接会话

（4）在弹出的"SSH Security Warning"界面中，单击"Accept and Save"按钮，如图 1-7 所示。

（5）在弹出的"SSH User Name"界面中，在"Enter a user name to login"中输入 admin，如图 1-8 所示。

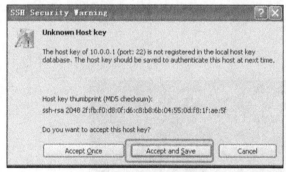

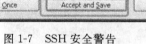

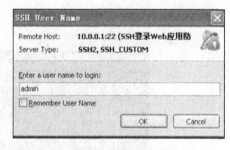

图 1-7　SSH 安全警告　　　　　　　　　　　　　　　　图 1-8　输入用户名

（6）单击 OK 按钮，在弹出的"SSH User Authentication"界面中，在 Password 中输入 admin，如图 1-9 所示。

（7）单击 OK 按钮，连接 Web 应用防火墙，输入命令 help，按 Enter 键执行，返回正确结果，符合预期，如图 1-10 所示。

【实验思考】

Web 应用防火墙还有其他登录方式吗？

1.1.2　Web 应用防火墙多网段登录管理实验

【实验目的】

管理员通过添加 Web 应用防火墙管理系统的远程管理 IP 地址，实现多网段的主机对 Web 应用防火墙的管理。

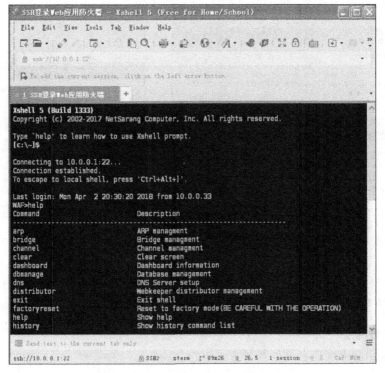

图 1-9　输入口令

图 1-10　成功连接 Web 应用防火墙

【知识点】

管理端口、端口设置、远程管理。

【场景描述】

A 公司采购了一台 Web 应用防火墙,安全运维工程师小王给设备配置了 IP 地址"192.168.1.40/16"的管理地址,由于管理要求,该管理地址不能修改。网络管理员小张出于对网络统一管理的考虑,要求小王给这台 Web 应用防火墙配置的管理地址为"172.16.0.1/24"。小张还要求可以访问这台 Web 应用防火墙,小张所在的网段为"172.16.1.1/24"。请帮小王想想办法,如何通过配置 Web 应用防火墙实现小张访问这台 Web 应用防火墙的要求?

【实验原理】

Web 应用防火墙支持多网段管理方式,一台设备可以配置多个不同网段的管理 IP 地址。

Web 应用防火墙出于安全要求,默认出厂只允许"10.0.0.1/24"网段访问设备,其他网段的主机如需访问该设备,需要在远程管理模块中添加对应的 IP 地址和子网掩码,才能实现远程管理 Web 应用防火墙。

同时,Web 应用防火墙允许修改访问 WebUI 界面的端口,管理员可以根据实际的安全需求设置对应的端口。

【实验设备】

• 安全设备:Web 应用防火墙设备 1 台。
• 网络设备:路由器 1 台。
• 主机终端:Windows XP SP3 主机 1 台,Windows 7 主机 1 台。

【实验拓扑】

实验拓扑如图 1-11 所示。

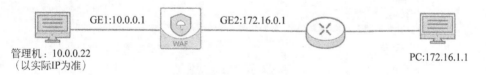

图 1-11　Web 应用防火墙多网段登录管理实验拓扑

【实验思路】

(1) 增加网桥接口。
(2) 增加远程管理 IP。

【实验步骤】

(1) 在管理机打开浏览器,在地址栏中输入 Web 应用防火墙产品的 IP 地址"https://10.0.0.1"(以实际设备 IP 地址为准),进入 Web 应用防火墙的登录界面。输入管理员用户名 admin 和密码 admin,单击"登录"按钮,登录 Web 应用防火墙。

(2) 登录 Web 应用防火墙设备后,会显示它的面板界面。单击面板左侧导航栏中的"网络管理"→"网络接口",单击"网桥接口"。在"网桥接口"界面中,单击"增加＋"按钮,增加网桥接口,如图 1-12 所示。

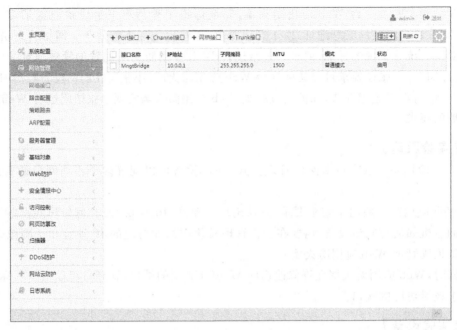

图 1-12　增加网桥接口

(3) 在"增加网桥接口"界面中,除默认网桥号 1 保留作为管理网桥外,输入一个不重复的网桥号即可,本实验中输入"网桥号"为 12,其他保持默认配置,如图 1-13 所示。

图 1-13　设置网桥接口

(4) 单击"下一步"按钮,在弹出的增加网桥成功界面中单击"确定"按钮,再单击"增加+"按钮,增加 IP,如图 1-14 所示。

(5) 在"接口 IP 地址配置"界面中,输入"IP 地址"为"172.16.0.1","子网掩码"为"255.255.255.0",勾选"管理 IP"右侧的复选框,其他保持默认配置,如图 1-15 所示。

(6) 单击"保存"按钮,在弹出的操作成功界面中单击"确定"按钮,返回"编辑网桥接

口"界面,单击"完成"按钮,返回"网桥接口"界面,可见成功添加的接口 bridge12,如图 1-16
所示。

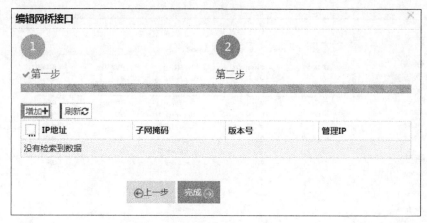

图 1-14　增加 IP

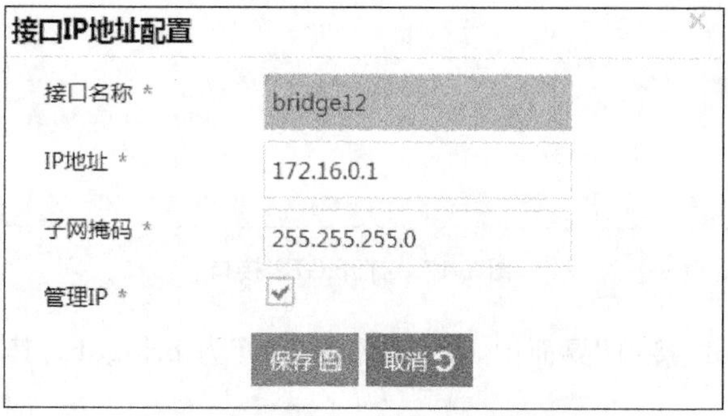

图 1-15　"接口 IP 地址配置"界面

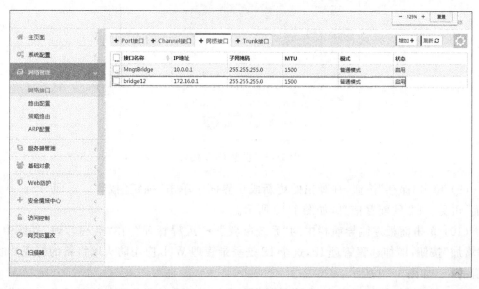

图 1-16　成功添加网桥接口

（7）单击上方的"＋Port 接口"。在"Port 接口"界面中，双击 GE2 接口，如图 1-17 所示。

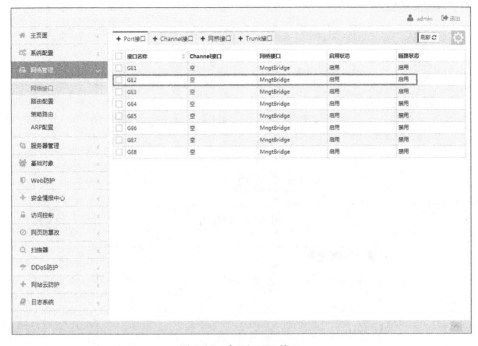

图 1-17　打开 GE2 接口

（8）在"编辑 Port 接口"界面中，设置"网桥接口"为 bridge12，其他保持默认配置，如图 1-18 所示。

图 1-18　设置 GE2 接口

（9）单击"保存"按钮，在弹出的更新成功界面中单击"确定"按钮。返回"Port 接口"界面，可见 GE2 的配置信息，如图 1-19 所示。

（10）单击面板左侧导航栏中的"系统配置"→"远程管理"，在"远程管理"界面中，单击"增加"按钮，增加远程管理 IP，这个 IP 是登录管理 Web 应用防火墙设备的管理员的计算机的 IP，如图 1-20 所示。

（11）在"增加新的远程许可 IP 地址"界面中，在"IP 地址"中输入"172.16.1.1"，"子

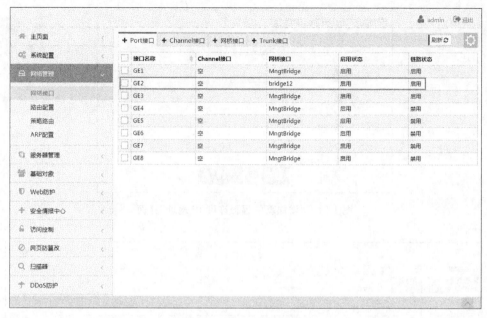

图 1-19　"Port 接口"列表

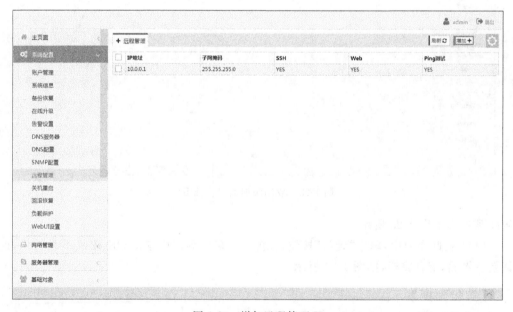

图 1-20　增加远程管理 IP

网掩码"输入"255.255.255.0",勾选"是否允许 Web""是否允许 Ping"右侧的复选框,如图 1-21 所示。

(12) 单击"保存"按钮,在弹出的配置成功界面中单击"确定"按钮,返回"远程管理"界面,可见成功添加的远程管理 IP,如图 1-22 所示。

(13) 单击面板左侧导航栏中的"系统配置"→"WebUI 设置",在界面中单击"重启

图 1-21 "增加新的远程许可 IP 地址"界面

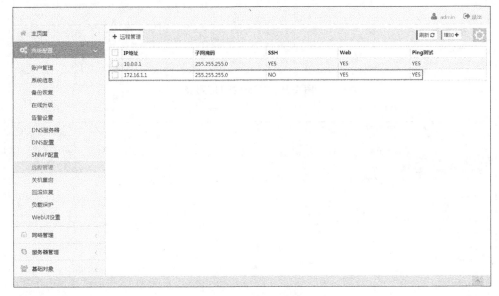

图 1-22 成功添加远程管理 IP

Web 服务",如图 1-23 所示。

(14) 在此界面中,单击"确认"按钮,在弹出的确定界面中单击 OK 按钮,5 秒钟后,返回登录界面,配置完毕,如图 1-24 所示。

【实验预期】

PC 可以访问 Web 应用防火墙。

【实验结果】

(1) 登录实验平台中对应实验拓扑右侧的 PC,进入虚拟机,如图 1-25 所示。

(2) 在虚拟机打开火狐浏览器,在地址栏中输入"https://172.16.0.1"后按 Enter 键,成功跳转到 Web 防火墙界面,符合预期要求,如图 1-26 所示。

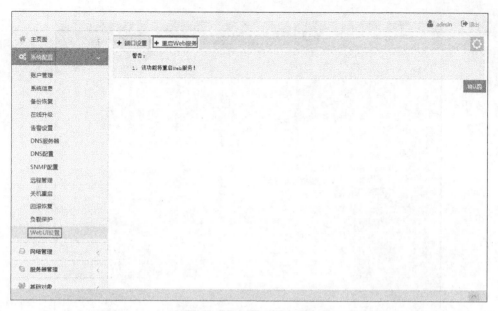

图 1-23　"重启 Web 服务"界面

图 1-24　重启成功

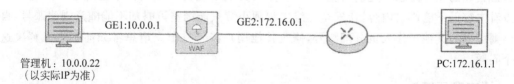

图 1-25　登录右侧虚拟机

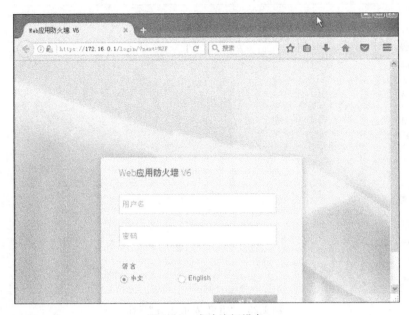

图 1-26　成功访问设备

【实验思考】

如果小王需要实现全网段的地址访问 Web 应用防火墙,该如何配置? 有什么样的安全风险?

1.1.3　Web 应用防火墙管理员设置实验

【实验目的】

管理员可根据实际业务的安全需求,设置不同安全级别的账号,如可设置配置管理员、账户管理员、审计管理员等账号;另外,可解决各个管理员账号密码忘记的问题。

【知识点】

管理用户、密码修改、阻断用户、用户权限。

【场景描述】

A 公司运维工程师小王面临一个问题,张经理需要不定期登录 Web 应用防火墙管理系统,查看 Web 应用防火墙的运行状态及使用情况,另一名安全运维工程师小黄则需要根据实际的业务需求不定期调整 Web 应用防火墙的配置和策略。小王想让张经理可以查看内容但不能修改内容,让安全运维工程师小黄只能调整策略却不能随意创建账号,自己则可以为其他工作人员分配账号,修改其他用户账号权限。请思考如何帮小王解决这个问题。

【实验原理】

Web 应用防火墙管理系统内置了三种管理员用户组,分别是配置管理员(admin)、账户管理员(account)和审计管理员(audit),每组内置了一个默认用户。配置管理员拥有配置系统、调整策略的权限；账户管理员拥有创建修改用户和解除阻断的权限；审计管理员拥有查看审计日志的权限。所有管理员用户都拥有修改自己账户密码的权限。

当用户登录时尝试输入密码错误次数超过"登录尝试次数"，将会锁定登录 IP 一段时间，账户管理员可以手动解除锁定，称为"解除阻断"。

【实验设备】

- 安全设备：Web 应用防火墙设备 1 台。
- 主机终端：Windows XP 主机 1 台。

【实验拓扑】

实验拓扑如图 1-27 所示。

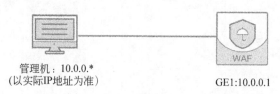

管理机：10.0.0.*
（以实际 IP 地址为准）　　　　　　　　GE1:10.0.0.1

图 1-27　Web 应用防火墙管理员设置实验拓扑

【实验思路】

(1) 增加审计管理员用户。

(2) 通过审计管理员账户成功登录防火墙设备。

【实验步骤】

(1) 在管理机打开浏览器，在地址栏中输入 Web 应用防火墙产品的 IP 地址"https：//10.0.0.1"（以实际设备 IP 地址为准），进入 Web 应用防火墙的登录界面。输入账户管理员用户名 account 和密码 account，单击"登录"按钮，登录 Web 应用防火墙，开始创建账户。

(2) 进入管理系统主页面，单击"系统配置"→"账户管理"，再单击上方的"用户管理"。在"用户管理"界面中，单击"增加＋"按钮，增加账户，如图 1-28 所示。

(3) 在"增加新用户"界面中，在"用户名"中输入 zhang，"用户组"设置为 accountgroup，其他保持默认配置，增加审计管理员，如图 1-29 所示。

(4) 单击"保存"按钮，在弹出的操作成功界面中单击"确定"按钮，返回"用户管理"界面，可见新增加的用户，配置完毕，如图 1-30 所示。

【实验预期】

成功登录审计管理员用户。

【实验结果】

(1) 在管理机中打开浏览器，在地址栏中输入 Web 应用防火墙产品的 IP 地址"https：//10.0.0.1"（以实际设备 IP 地址为准），进入 Web 应用防火墙的登录界面。输入管理员用户名 zhang 和密码 zhang，单击"登录"按钮。

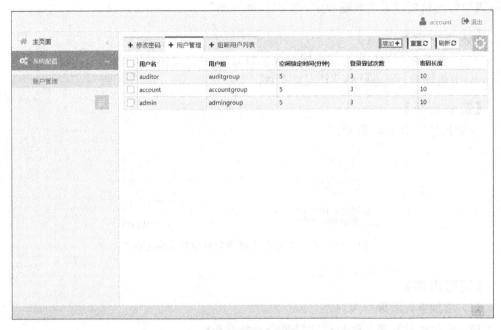

图 1-28 增加账户

图 1-29 "增加新用户"界面

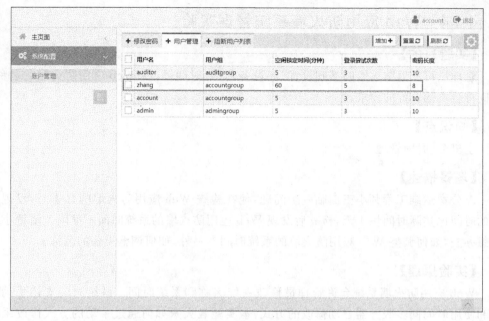

图 1-30　成功增加用户

（2）成功登录，符合预期要求，如图 1-31 所示。

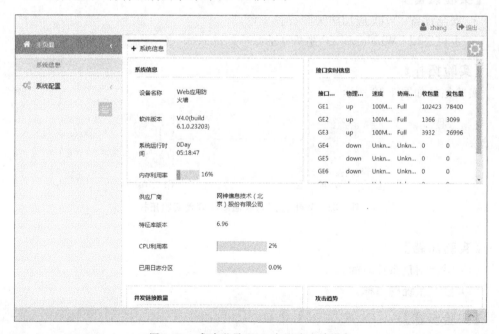

图 1-31　成功登录 Web 应用防火墙设备

【实验思考】

如果忘记 admin 的密码，应如何登录设备？

1.1.4 Web 应用防火墙系统管理实验

【实验目的】

管理员可配置防火墙的基础设置,如设备名称、时间等,使 Web 应用防火墙的名称、时间符合实际业务的要求。

【知识点】

主机名、时间管理。

【场景描述】

A 公司运维工程师小王面临一个问题,他在检查 Web 应用防火墙的日志时,发现日志的时间比实际时间快 1 天,检查后发现 Web 应用防火墙的系统时间不准确。请帮小王想想办法,如何调整 Web 应用防火墙的系统时间?另外,如何调整设备的名称?

【实验原理】

Web 应用防火墙系统允许管理员修改系统名称和系统时间。系统时间支持手动修改和使用时间同步服务器自动修改的方式,本实验教大家如何通过手动的方式修改系统时间。

【实验设备】

• 安全设备:Web 应用防火墙设备 1 台。
• 主机终端:Windows XP 主机 1 台。

【实验拓扑】

实验拓扑如图 1-32 所示。

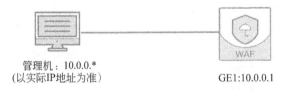

管理机:10.0.0.*
(以实际IP地址为准)　　　　　　　　　　　　GE1:10.0.0.1

图 1-32　Web 应用防火墙系统管理实验拓扑

【实验思路】

(1) 手动调整系统时间。
(2) 修改系统的名称。

【实验步骤】

(1) 在管理机打开浏览器,在地址栏中输入 Web 应用防火墙产品的 IP 地址 "https://10.0.0.1"(以实际设备 IP 地址为准),进入 Web 应用防火墙的登录界面。输入管理员用户名 admin 和密码 admin,单击"登录"按钮,登录 Web 应用防火墙。

(2) 登录 Web 应用防火墙设备后,会显示它的面板界面。单击面板左侧导航栏中的"系统配置"→"系统信息",在"基本信息"界面中查看信息,如图 1-33 所示。

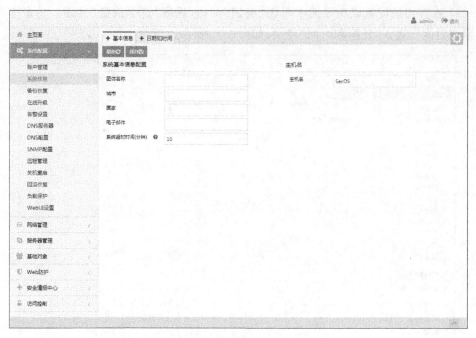

图 1-33　"基本信息"界面

（3）修改基本信息。在"主机名"中输入"Web 应用防火墙"，"系统超时时间（分钟）"设置为 11。单击"保存"按钮，如图 1-34 所示。

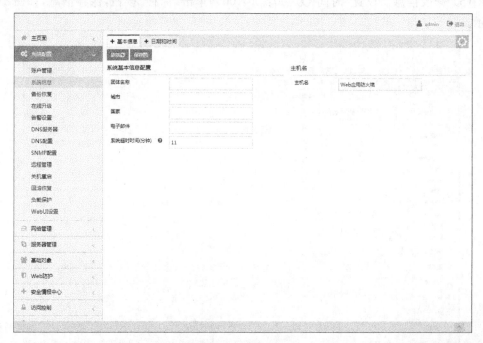

图 1-34　保存基本信息

（4）在弹出的配置成功界面中单击"确定"按钮，返回"基本信息"界面。单击上方的"日期和时间"，进入"日期和时间"界面，如图 1-35 所示。

图 1-35 "日期和时间"界面

（5）修改信息。设置"时间"为"00：00：00"，单击"保存"按钮，保存信息，如图 1-36 所示。

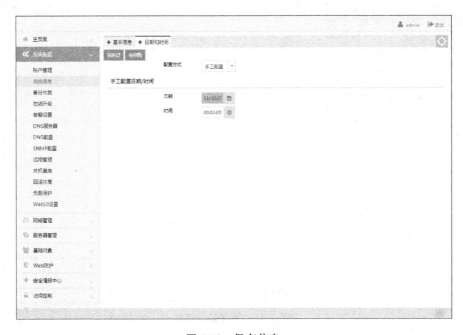

图 1-36 保存信息

（6）在弹出的操作成功界面中单击"确定"按钮，配置完毕。

【实验预期】

查看防火墙的基本信息和时间。

【实验结果】

（1）在管理机打开浏览器，在地址栏中输入 Web 应用防火墙产品的 IP 地址 "https：//10.0.0.1"（以实际设备 IP 地址为准），进入 Web 应用防火墙的登录界面。输入管理员用户名 admin 和密码 admin，单击"登录"按钮，登录 Web 应用防火墙。单击"基本信息"，可见修改后的信息，如图 1-37 所示。

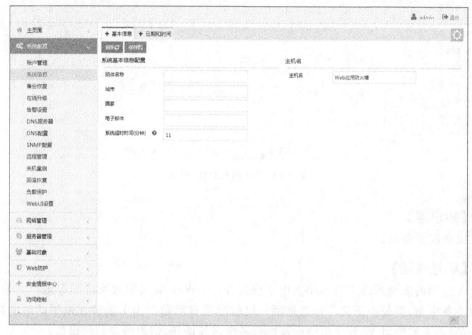

图 1-37　"基本信息"界面

（2）单击上方的"日期和时间"，进入"日期和时间"界面，可见修改后的时间，如图 1-38 所示。

【实验思考】

你知道怎样使用时间服务器配置防火墙的时间吗？

1.1.5　Web 应用防火墙配置管理实验

【实验目的】

管理员可以对 Web 应用防火墙的系统配置进行备份，便于设备出现状况时及时恢复到正常工作时的配置。

图 1-38 "日期和时间"界面

【知识点】

设备配置备份。

【场景描述】

A 公司的安全运维工程师小王由于误操作,对 Web 应用防火墙的配置进行了修改,导致业务中断,但是小王又不知道是哪一块的配置有问题。为了能够在最短的时间内恢复业务,小王需要对 Web 应用防火墙执行备份恢复操作,请思考应如何操作。

【实验原理】

Web 应用防火墙管理系统支持通过导入、导出备份文件来对系统执行备份、恢复,提供手动备份、自动备份两种备份方式。

【实验设备】

- 安全设备:Web 应用防火墙设备 1 台。
- 主机终端:Windows XP 主机 1 台。

【实验拓扑】

实验拓扑如图 1-39 所示。

【实验思路】

(1) 先对 WAF 的配置进行备份,将文件导出。

(2) 对 WAF 进行配置,策略修改。

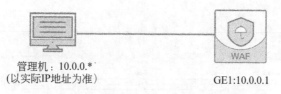

管理机：10.0.0.*
（以实际IP地址为准）　　　　　　　　　　GE1:10.0.0.1

图 1-39　Web 应用防火墙配置管理实验拓扑

（3）将备份文件导入。

（4）对比备份文件导入和导出之前的配置。

【实验步骤】

（1）在管理机打开浏览器，在地址栏中输入 Web 应用防火墙产品的 IP 地址 "https：//10.0.0.1"（以实际设备 IP 地址为准），进入 Web 应用防火墙的登录界面。输入管理员用户名 admin 和密码 admin，单击"登录"按钮，登录 Web 应用防火墙。

（2）登录 Web 应用防火墙设备后，会显示它的面板界面。单击面板左侧导航栏中的 "系统配置"→"备份恢复"。在"备份恢复"界面中，单击"手工备份＋"按钮，开始备份配置，如图 1-40 所示。

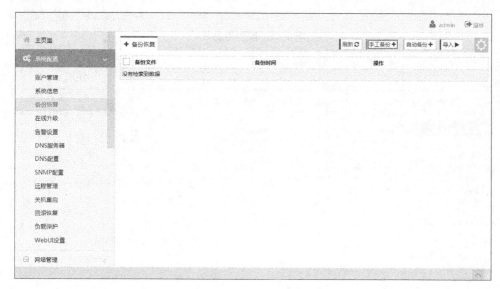

图 1-40　手工备份

（3）在弹出的备份数据库成功窗口中单击"确定"按钮，返回"备份恢复"界面，可见已备份的配置数据库，如图 1-41 所示。

（4）单击此记录右侧的"导出"按钮，导出备份文件，以后如果出现故障可以凭此文件恢复配置，如图 1-42 所示。

（5）在弹出的界面中单击"确定"按钮，如图 1-43 所示。

（6）文件保存到默认路径，本实验备份文件保存到桌面，文件名是随机产生的。如图 1-44 所示。

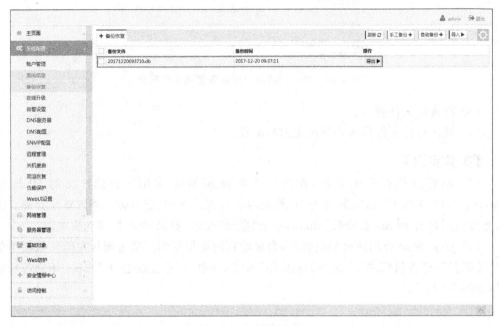

图 1-41　配置数据库

图 1-42　导出备份数据

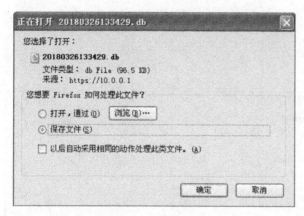

图 1-43　保存文件

图 1-44　成功下载备份文件

（7）单击面板左侧导航栏中的"网络管理"→"网络接口"，单击"网桥接口"。在"网桥接口"界面中，单击"增加＋"按钮，增加网桥接口。

（8）在"增加网桥接口"界面中，除默认网桥号 1 保留作为管理网桥外，输入一个不重复的网桥号即可，本实验中输入"网桥号"为 12，其他保持默认配置。

（9）单击"下一步"按钮，在弹出的增加网桥成功界面中单击"确定"按钮，再单击"完成"按钮，添加网桥接口。

（10）单击上方的"＋Port 接口"。在"Port 接口"界面中，双击 GE2 接口。

（11）在"编辑 Port 接口"界面中，设置"网桥接口"为 bridge12，其他保持默认配置。

（12）单击"保存"按钮，在弹出的更新成功界面中单击"确定"按钮。同样，在"Port 接口"界面中，双击 GE3 接口。在"编辑 Port 接口"界面中，设置"网桥接口"为 bridge12，其他保持默认配置。

（13）单击"保存"按钮，在弹出的更新成功界面中单击"确定"按钮。返回"Port 接口"界面，检查 GE2、GE3 的配置信息。

（14）单击面板左侧导航栏中的"服务器管理"→"普通服务器管理"。在"HTTP 服务器"界面中，单击"增加＋"按钮，增加服务器，如图 1-45 所示。

（15）在"增加 HTTP 服务器"界面中，在"服务器名称"中输入"Web 服务器"，"IP 地址"中输入"172.16.2.100/24"，"端口"中输入 80，设置"部署模式"为"串联"，"防护模式"为"代理模式"，"接口"为 bridge12，勾选"启用"复选框，如图 1-46 所示。

（16）单击"保存"按钮，在弹出的操作成功界面中单击"确定"按钮，返回"其他服务器"列表界面，可见已添加的其他服务器信息，如图 1-47 所示。

（17）单击面板左侧导航栏中的"Web 防护"→"Web 防护策略"。在"Web 防护策略"界面中，单击"增加"按钮，增加防护策略，如图 1-48 所示。

（18）在"增加 Web 防护策略"界面中，在"名称"中输入"Web 防护"，其他保持默认配置，如图 1-49 所示。

图 1-45　增加服务器管理对象

图 1-46　设置 HTTP 服务器

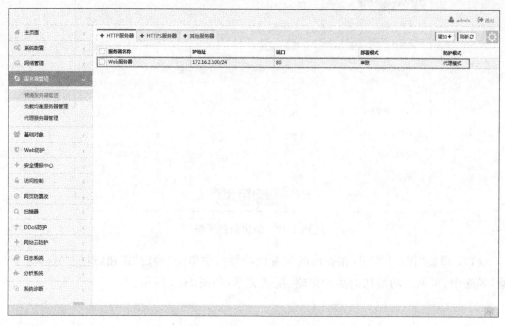

图 1-47　成功添加 HTTP 服务器管理对象

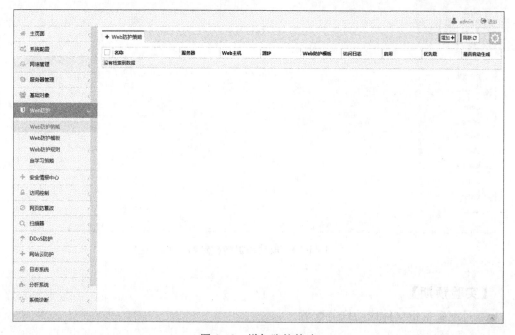

图 1-48　增加防护策略

图 1-49　编辑防护策略

（19）单击"保存"按钮，在弹出的配置成功界面中单击"确定"按钮，返回"Web 防护策略"界面中，可见成功增加的防护策略，配置完毕，如图 1-50 所示。

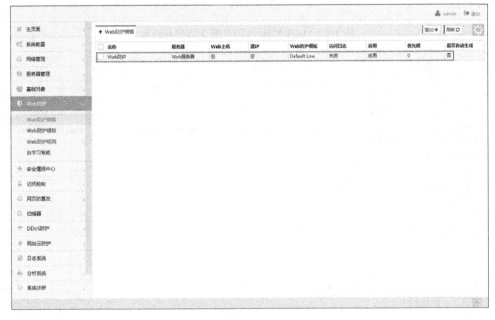

图 1-50　成功添加防护策略

【实验预期】

通过配置备份文件成功恢复配置。

【实验结果】

（1）现在 Web 应用防火墙有一条名为"Web 防护"的安全策略。在本地机打开浏览器，在地址栏中输入 Web 应用防火墙产品的 IP 地址"https：//10.0.0.1"（以实际设备 IP

地址为准），进入 Web 应用防火墙的登录界面。输入管理员用户名 admin 和密码 admin，单击"登录"按钮，登录 Web 应用防火墙。单击面板左侧导航栏中的"系统配置"→"备份恢复"，在"备份恢复"界面中双击配置文件，如图 1-51 所示。

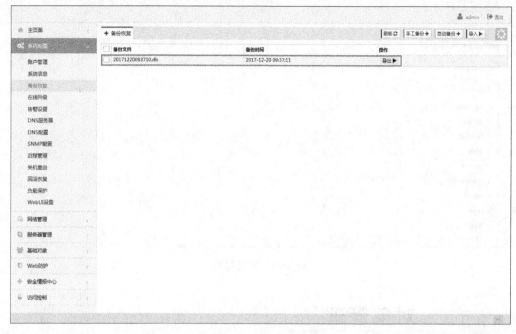

图 1-51　备份文件列表

（2）在弹出的"恢复到备份点"界面中，可见备份的配置文件的详细信息，如图 1-52 所示。

图 1-52　"恢复至备份点"界面

（3）单击"恢复"按钮，系统会自动重启，一分钟后恢复配置，重新登录设备，单击面板左侧导航栏中的"Web 防护"→"Web 防护策略"。在"Web 防护策略"界面中，可见添加的防护策略已消失，说明设备已恢复至备份点，符合预期要求，如图 1-53 所示。

【实验思考】

对系统进行备份时，生成的配置文件有哪两种方式，各自的特点是什么？

图 1-53　恢复配置

1.2　对象管理

1.2.1　Web 应用防火墙基础对象配置实验

【实验目的】

管理员可以手动添加基础对象，包括 Web 主机对象、URL 对象、IP 地址对象，也可以根据自学习策略自动添加，便于在配置 Web 防护策略时引用。

【知识点】

基础对象、自学习、Web 主机、URL 对象、IP 地址对象。

【场景描述】

A 公司安全运维工程师小王需要配置 Web 应用防火墙 Web 防护规则、防护策略。由于 Web 应用防火墙在配置防护规则和策略时需要引用基础对象，所以小王要想配置Web 防护规则和策略，需要首先配置基础对象，请思考应如何配置。

【实验原理】

Web 应用防火墙将 Web 主机、IP 列表、URL 列表都归为基础对象资源，所定义的对象均为全局对象，设置防护规则、防护策略、防护规则时可以多次引用基础资源对象，如表 1-1 所示。

表 1-1　基础资源对象功能

功　能	描　述
Web 主机	设置防护或不防护的 Web 主机
URL 列表	设置匹配或不匹配的 URL 组
IP 列表	设置最长前缀匹配 IP 列表和优先级匹配的 IP 列表

【实验设备】

- 安全设备：Web 应用防火墙 1 台。
- 主机终端：PC Kali 2.0 主机 1 台，Windows 7 主机 1 台，Windows 2003 SP2 主机 1 台。

【实验拓扑】

实验拓扑如图 1-54 所示。

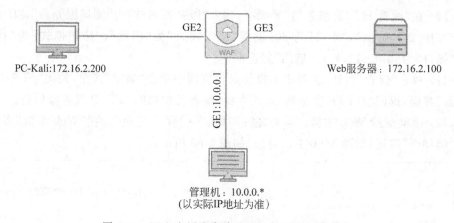

PC-Kali:172.16.2.200　　GE2　　GE3　　Web服务器：172.16.2.100

GE1:10.0.0.1

管理机：10.0.0.*
（以实际IP地址为准）

图 1-54　Web 应用防火墙基础对象配置实验拓扑

【实验思路】

(1) 手动配置 Web 主机。

(2) 生成 Web 防护策略。

(3) 手动配置 URL 列表。

(4) 手动配置 IP 列表。

【实验步骤】

(1) 在管理机打开浏览器，在地址栏中输入 Web 应用防火墙产品的 IP 地址 "https：//10.0.0.1"（以实际设备 IP 地址为准），进入 Web 应用防火墙的登录界面。输入管理员用户名 admin 和密码 admin，单击"登录"按钮，登录 Web 应用防火墙。

(2) 登录 Web 应用防火墙设备后，会显示它的面板界面。单击面板左侧导航栏中的"网络管理"→"网络接口"，单击"网桥接口"。在"网桥接口"界面中，单击"增加＋"按钮，增加网桥接口。

(3) 在"增加网桥接口"界面中,除默认网桥号1保留作为管理网桥外,输入一个不重复的网桥号即可,本实验中输入"网桥号"为12,其他保持默认配置。

(4) 单击"下一步"按钮,在弹出的增加网桥成功界面中单击"确定"按钮,再单击"完成"按钮,添加网桥接口。

(5) 单击上方的"+Port 接口"。在"Port 接口"界面中,双击 GE2 接口。

(6) 在"编辑 Port 接口"界面中,设置"网桥接口"为 bridge12,其他保持默认配置。

(7) 单击"保存"按钮,在弹出的更新成功界面中单击"确定"按钮。同样,在"Port 接口"界面中,双击 GE3 接口。在"编辑 Port 接口"界面中,设置"网桥接口"为 bridge12,其他保持默认配置。

(8) 单击"保存"按钮,在弹出的更新成功界面中单击"确定"按钮。返回"Port 接口"界面,检查 GE2、GE3 的配置信息。

(9) 单击面板左侧导航栏中的"服务器管理"→"普通服务器管理",在"HTTP 服务器"界面中,单击"增加+"按钮,增加服务器。

(10) 在"编辑 HTTP 服务器"界面中,输入"服务器名称"为"测试服务器","IP 地址"为"172.16.2.100/24","端口"为 80,设置"部署模式"为"串联","防护模式"为"代理模式","接口"为 bridge12,勾选"启用"复选框。

(11) 单击"保存"按钮,在弹出的操作成功界面中单击"确定"按钮,关闭"编辑 HTTP 服务器"界面,返回"HTTP 服务器"列表界面,检查已添加的 HTTP 服务器信息。

(12) 手动配置 Web 主机。单击"基础对象"→"Web 主机"。在"Web 主机"界面中,单击"增加+"按钮,增加 Web 主机对象,如图 1-55 所示。

图 1-55　增加 Web 主机对象

（13）在"增加 Web 主机"界面中，在"Web 主机"中输入"服务器对象"，设置"归属服务器"为"测试服务器"，如图 1-56 所示。

图 1-56　"增加 Web 主机"界面

（14）单击"保存"按钮，在弹出的配置成功界面中单击"确定"按钮，返回"Web 主机"界面。勾选增加的"服务器对象"复选框，单击"生成策略＋"按钮，如图 1-57 所示。

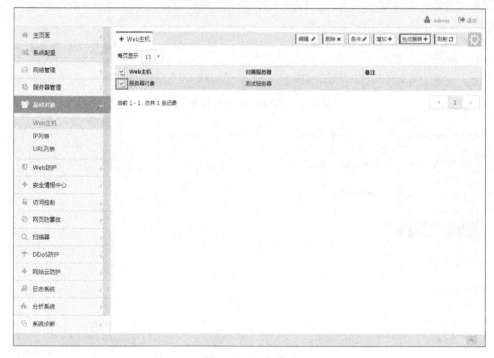

图 1-57　生成策略

（15）在弹出的配置成功界面中单击"确定"按钮，返回"Web 主机"界面。单击"Web防护"→"Web 防护策略"，在"Web 防护策略"界面中可见增加的防护策略，如图 1-58所示。

（16）单击"基础对象"→"IP 列表"，在"IP 列表"界面中单击"增加＋"按钮，增加 IP列表对象，如图 1-59 所示。

（17）在"增加 IP 列表"界面中，在"名称"中输入"172.16.2.200"，设置"动作"为"匹配"，如图 1-60 所示。

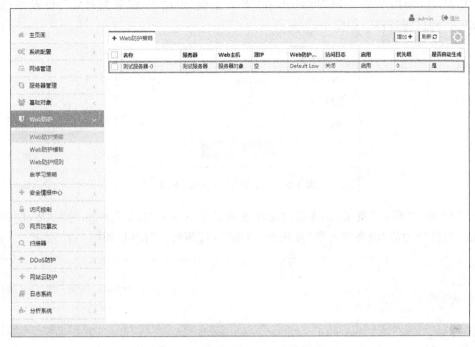

图 1-58　成功添加 Web 防护策略

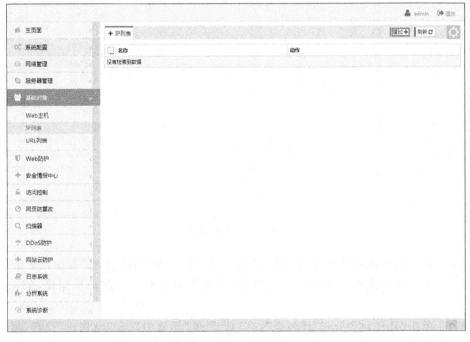

图 1-59　增加 IP 列表对象

图 1-60　设置 IP 列表

　　(18) 单击"保存"按钮,在弹出的配置成功界面中单击"确定"按钮,返回"增加 IP 列表"界面中,单击"增加＋"按钮,增加 IP,如图 1-61 所示。

图 1-61　增加 IP

　　(19) 在"增加 IP"界面中,在"IP 地址"中输入"172.16.2.0","子网掩码"输入"255. 255.255.0",其他保持默认配置,如图 1-62 所示。

图 1-62　设置 IP

　　(20) 单击"保存"按钮,在弹出的配置成功界面中单击"确定"按钮,返回"增加 IP 列表"界面中,单击"保存"按钮,在弹出的配置成功界面中单击"确定"按钮,返回"IP 列表"界面。单击"基础对象"→"URL 列表",在"URL 列表"界面中,单击"增加＋"按钮,增加 URL 列表,如图 1-63 所示。

　　(21) 在"增加 URL 列表"界面中,在"名称"中输入"172.16.2.200",设置"动作"为

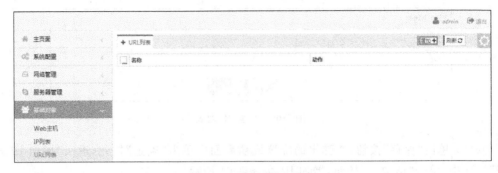

图 1-63　增加 URL 列表

"匹配",单击"增加+"按钮,增加 URL,如图 1-64 所示。

图 1-64　编辑 URL 列表

(22) 在"增加 URL"界面中,在 URL 中输入"172.16.2.200",其他保持默认配置,如图 1-65 所示。

图 1-65　设置 URL

(23) 单击"保存"按钮,在弹出的配置成功界面中单击"确定"按钮,返回"编辑 URL 列表"界面,单击"保存"按钮,在弹出的配置成功界面中单击"确定"按钮,返回"URL 列表"界面中,配置完毕。

【实验预期】

成功添加了 Web 主机、IP 列表和 URL 列表对象。

【实验结果】

(1) 在管理机打开浏览器，在地址栏中输入 Web 应用防火墙产品的 IP 地址"https：//10.0.0.1"(以实际设备 IP 地址为准)，进入 Web 应用防火墙的登录界面。输入管理员用户名 admin 和密码 admin，单击"登录"按钮，登录 Web 应用防火墙。单击面板左侧导航栏中的"基础对象"→"Web 主机"，在"Web 主机"界面中可见成功添加的 Web 主机对象，如图 1-66 所示。

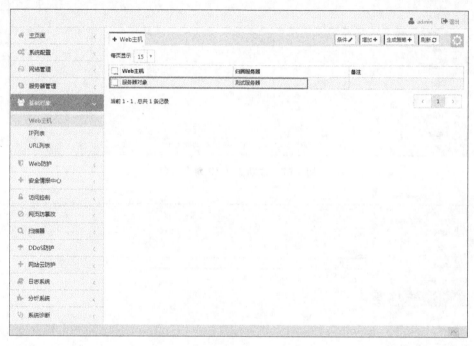

图 1-66　成功添加 Web 主机对象

(2) 单击"基础对象"→"IP 列表"，在"IP 列表"界面中，可见成功添加的 IP 列表对象，如图 1-67 所示。

(3) 单击"基础对象"→"URL 列表"，在"URL 列表"界面中，可见成功添加的 URL 列表对象，如图 1-68 所示。

【实验思考】

如何自动生成 Web 主机对象？

1.2.2　Web 应用防火墙服务器管理实验

【实验目的】

管理员将内网的服务器作为对象添加到 Web 应用防火墙中进行管理，并能够使

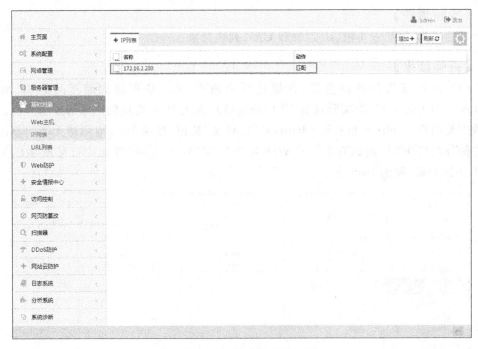

图 1-67　成功添加 IP 列表对象

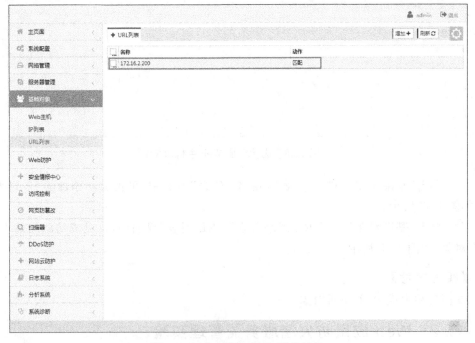

图 1-68　成功添加 URL 列表对象

Web 应用防火墙对服务器对象起到防护作用。

【知识点】

对象、服务器、HTTP 服务器、HTTPS 服务器、负载均衡、代理。

【场景描述】

A 公司有多台 Web 服务器,现在公司要求将这些服务器加入 Web 应用防火墙中,实现 Web 应用防火墙对这些 Web 服务器进行保护。请思考应如何将这些服务器添加在 Web 服务器中。

【实验原理】

Web 应用防火墙可以配置的 Web 服务器包括普通服务器、负载均衡服务器和代理服务器。根据服务器类型的不同,服务器的配置参数不同。这里的服务器可以被 Web 防护中的 Web 防护策略和基础资源对象中的 Web 主机(归属服务器)引用。

服务器按照功能总共分为 3 种类型、普通服务器、负载均衡服务器和代理服务器。

(1) 普通服务器:传统后端被保护服务器。

(2) 负载均衡服务器:用于对与后端多个服务器做集群负载均衡部署。

(3) 代理服务器:用于反向代理模式,作为反向代理服务器,代理后端真实服务器进行接收请求。

服务器按照服务类型分为 3 种类型:HTTP 服务器、HTTPS 服务器和其他服务器。

(1) HTTP 服务器:用于配置提供 HTTP 服务的服务器。

(2) HTTPS 服务器:用于配置提供 HTTPS 服务的服务器。

(3) 其他服务器:用于配置提供其他服务的服务器,多用于 DDoS 防护。

服务器按照部署方式分为两种类型:在线服务器和离线服务器。

(1) 在线服务器:用于 WAF 串联在网络拓扑中进行防护。

(2) 离线服务器:用于旁路在拓扑中,通过镜像流量进行防护。

服务器按照防护模式分为两种类型:非流检测模式和流检测模式。

(1) 非流检测模式:对协议深度解析,做内部代理防护能力较强。

(2) 流检测模式:基于 TCP 流检测(V6.0,该模式仅支持特征库防护),支持离线模式。

整个服务器支持类型列举如表 1-2 所示。

表 1-2　服务器支持类型

服务器类型	在线方式	防护模式
HTTP 普通服务器	在线模式	非流检测模式
HTTP 普通服务器	在线模式	流检测模式
HTTP 普通服务器	离线模式	流检测模式
HTTPS 普通服务器	在线模式	非流检测模式
其他普通服务器	在线模式	流检测模式
其他普通服务器	离线模式	流检测模式

续表

服务器类型	在线方式	防护模式
负载均衡 HTTP 服务器	在线模式	非流检测模式
代理 HTTP 服务器	在线模式	非流检测模式
代理 HTTP 服务器	在线模式	非流检测模式

【实验设备】

- 安全设备：Web 应用防火墙设备 1 台。
- 主机终端：Windows Server 2003 主机 2 台，Windows 7 主机 1 台。

【实验拓扑】

实验拓扑如图 1-69 所示。

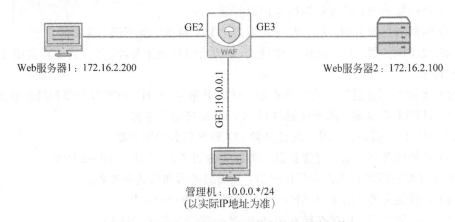

图 1-69　Web 应用防火墙服务器管理实验拓扑

【实验思路】

(1) 添加 HTTP 服务器对象。

(2) 添加 HTTP 代理服务器对象。

(3) 添加负载均衡服务器对象。

(4) 添加 HTTPS 服务器对象。

【实验步骤】

(1) 在管理机打开浏览器，在地址栏中输入 Web 应用防火墙产品的 IP 地址"https://10.0.0.1"(以实际设备 IP 地址为准)，进入 Web 应用防火墙的登录界面。输入管理员用户名 admin 和密码 admin，单击"登录"按钮，登录 Web 应用防火墙。

(2) 登录 Web 应用防火墙设备后，会显示它的面板界面。单击面板左侧导航栏中的"网络管理"→"网络接口"，单击"网桥接口"。在"网桥接口"界面中，单击"增加＋"按钮，增加网桥接口。

(3) 在"增加网桥接口"界面中，除默认网桥号保留作为管理网桥外，输入一个不重复的网桥号即可,本实验中输入"网桥号"为 12,其他保持默认配置。

(4) 单击"下一步"按钮,在弹出的增加网桥成功界面中单击"确定"按钮,再单击"增加＋"按钮,增加 IP。

(5) 在"接口 IP 地址配置"界面中,在"IP 地址"中输入"172.16.2.1","子网掩码"输入"255.255.255.0",勾选"管理 IP"右侧的复选框,其他保持默认配置。

(6) 单击"保存"按钮,在弹出的操作成功界面中单击"确定"按钮,返回"编辑网桥接口"界面,单击"完成"按钮,返回"网桥接口"界面,检查是否成功添加接口 bridge12。

(7) 单击上方的"＋Port 接口"。在"Port 接口"界面中,双击 GE2 接口。

(8) 在"编辑 Port 接口"界面中,设置"网桥接口"为 bridge12,其他保持默认配置。

(9) 单击"保存"按钮,在弹出的更新成功界面中单击"确定"按钮。同样,在"Port 接口"界面中,双击 GE3 接口。在"编辑 Port 接口"界面中,设置"网桥接口"为 bridge12,其他保持默认配置。

(10) 单击"保存"按钮,在弹出的更新成功界面中单击"确定"按钮。返回"Port 接口"界面,检查 GE2、GE3 的配置信息。

(11) 单击面板左侧导航栏中的"服务器管理"→"普通服务器管理",在"HTTP 服务器"界面中,单击"增加＋"按钮,增加服务器,如图 1-70 所示。

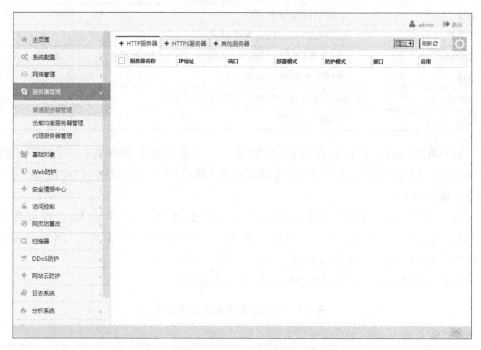

图 1-70　增加服务器管理对象

(12) 在"编辑 HTTP 服务器"界面中,在"服务器名称"中输入"测试服务器","IP 地址"输入"172.16.2.100/24","端口"输入 80,设置"部署模式"为"串联","防护模式"为"代理模式","接口"为 bridge12,勾选"启用"复选框,如图 1-71 所示。

(13) 可以按照表 1-3 中的描述编辑 HTTP 服务器参数。

图 1-71 设置 HTTP 服务器

表 1-3 HTTP 服务器参数详细说明

配 置 项	描　　述
服务器名称	所配置服务器的名称，不能重复
IP 地址	IP 格式为 xxx.xxx.xxx.xxx/xx 后两位为掩码位数，支持网段
端口	服务器后端服务端口
部署模式	选择在线模式或者离线模式
流防护模式	勾选，开启流防护模式；不勾选，禁用流防护模式
接口	选择服务器所在网桥接口
阻断接口	用于离线模式选择发阻塞报文的接口
启用	是否启用配置

（14）单击"保存"按钮保存配置，配置完毕。单击面板左侧导航栏中的"服务器管理"→"代理服务器管理"，在"HTTP 代理服务器"界面中，单击"增加＋"按钮，增加代理服务器，如图 1-72 所示。

（15）在"增加 HTTP 代理服务器"界面中，在"服务器名称"中输入"代理服务器"，"IP 地址"输入"172.16.2.10/32"，"端口"输入 80，"后端服务器"设置为"测试服务器"，"接口"设置为 bridge12，其他保持默认配置，如图 1-73 所示。

（16）可按照表 1-4 中的描述编辑代理服务器参数。

表 1-4 代理服务器参数详细说明

配 置 项	描　　述
服务器名称	所配置服务器的名称，不能重复
IP 地址	IP 格式为×××.×××.×××.×××/×× 后两位为掩码位数，WAF 代理使用的 IP 地址
端口	代理使用的端口
后端	后端需要被代理的服务器
接口	选择代理 IP 所在的接口

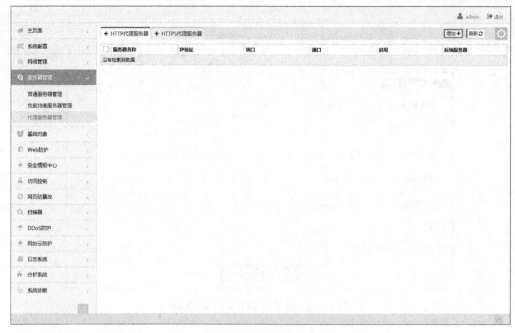

图 1-72　增加代理服务器

图 1-73　"增加 HTTP 代理服务器"界面

（17）单击"保存"按钮，在弹出的操作成功界面中单击"确定"按钮，配置完毕。单击面板左侧导航栏中的"服务器管理"→"普通服务器管理"，在"HTTP 服务器"界面中再次单击"增加＋"按钮，在弹出的"增加 HTTP 服务器"界面中，在"服务器名称"中输入"测试服务器 2"，"IP 地址"输入"172.16.2.200/32"，"端口"输入 80，"接口"设置为 bridge12，其他保持默认配置，如图 1-74 所示。

（18）单击"保存"按钮，在弹出的配置成功界面中单击"确定"按钮，返回"HTTP 服务器"界面，可见成功增加的 HTTP 服务器对象，如图 1-75 所示。

（19）单击面板左侧导航栏中的"服务器管理"→"负载均衡服务器管理"，在"负载均衡服务器管理"界面中，单击"增加"按钮，如图 1-76 所示。

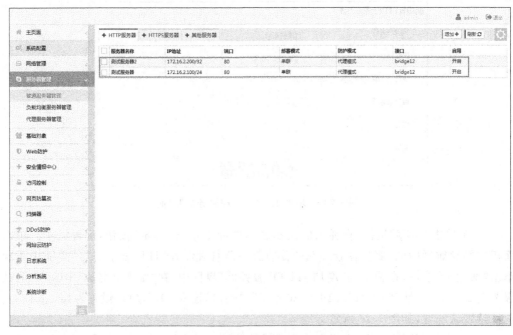

图 1-74 "增加 HTTP 服务器"界面

图 1-75 成功添加 HTTP 服务器

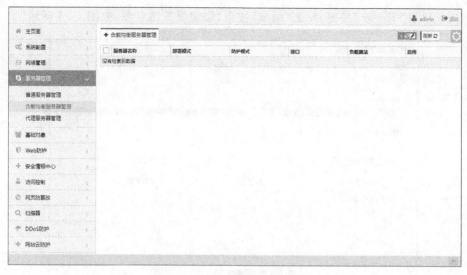

图 1-76　增加负载均衡服务器

（20）在"增加 HTTP 负载均衡服务器"界面中,在"服务器名称"中输入"负载服务器","端口"输入 80,"接口"设置为 bridge12,其他保持默认配置,如图 1-77 所示。

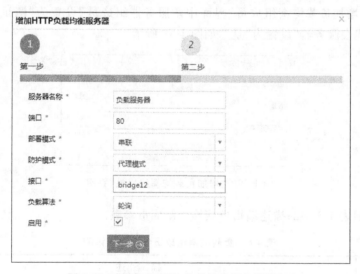

图 1-77　"增加 HTTP 负载均衡服务器"界面

（21）按照表 1-5 中的描述编辑负载均衡服务器参数。

表 1-5　负载均衡服务器参数详细说明

配　置　项	描　　　述	配　置　项	描　　　述
服务器名称	所配置服务器的名称,不能重复	接口	选择服务器所在接口
端口	服务器后端服务端口	负载算法	可选轮询算法或者源地址 Hash 算法
防护模式	选择代理模式	启用	是否启用配置

（22）单击"下一步"按钮，单击"增加"按钮，增加服务器对象，如图 1-78 所示。

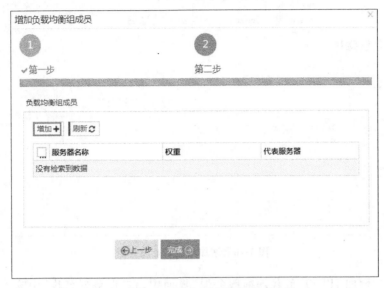

图 1-78　增加服务器对象

（23）在"增加负载均衡组成员"界面中，"服务器组成员"设置为"测试服务器"，"权重"输入 5，"代表服务器"设置为"是"，如图 1-79 所示。

图 1-79　"增加负载均衡组成员"界面

（24）按照表 1-6 中的描述编辑负载均衡组成员参数。

表 1-6　负载均衡组成员参数详细说明

配 置 项	描 述
服务器组成员	选取后端需要负载的成员服务器
权重	配置后端负载服务器的权重，数值越大权重越高
代表服务器	代表服务器：配置所选服务器是否为代表服务器，决定是否适用该服务器地址作为访问地址

（25）单击"保存"按钮，在弹出的操作成功界面中单击"确定"按钮，返回"增加负载均衡组成员"界面，单击"增加＋"按钮，在弹出的"增加负载均衡组成员"界面中，"服务器组成员"设置为"测试服务器 2"，"权重"输入 5，"代表服务器"设置为"是"，如图 1-80 所示。

（26）单击"保存"按钮，在弹出的操作成功界面中单击"确定"按钮，返回"增加负载均

图 1-80　"增加负载均衡组成员"界面

衡组成员"界面,可见成功增加的负载均衡组成员,如图 1-81 所示。

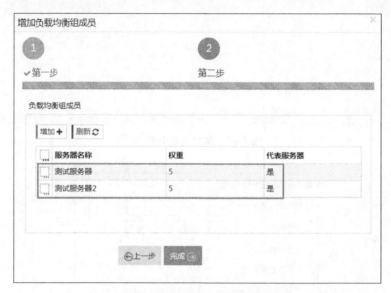

图 1-81　"增加负载均衡组成员"界面

　　(27) 单击"完成"按钮,返回"负载均衡服务器管理"界面。设置远程管理 IP。单击面板左侧导航栏中的"系统配置"→"远程管理",在"远程管理"界面中,单击"增加"按钮,增加远程管理 IP,这个 IP 是登录管理 Web 应用防火墙设备的管理员的计算机的 IP,如图 1-82 所示。

　　(28) 在"增加新的远程许可 IP 地址"界面中,在"IP 地址"中输入"172.16.2.200","子网掩码"输入"255.255.255.0",勾选"是否允许 Web""是否允许 Ping"复选框,如图 1-83 所示。

　　(29) 单击"保存"按钮,在弹出的配置成功界面中单击"确定"按钮,返回"远程管理"界面,可见成功添加的远程管理 IP,如图 1-84 所示。

　　(30) 单击面板左侧导航栏中的"系统配置"→"WebUI 设置",在界面中单击"重启Web 服务",如图 1-85 所示。

　　(31) 在此界面中,单击"确认"按钮,在弹出的确定界面中单击 OK 按钮,5 秒钟后,返回登录界面,配置完毕,如图 1-86 所示。

图 1-82　增加远程管理 IP

图 1-83　"增加新的远程许可 IP 地址"界面

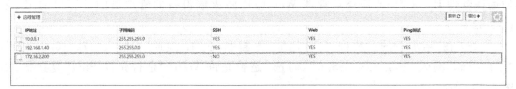

图 1-84　成功添加远程管理 IP

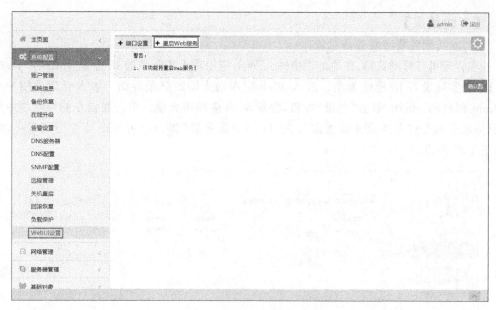

图 1-85　"重启 Web 服务"界面

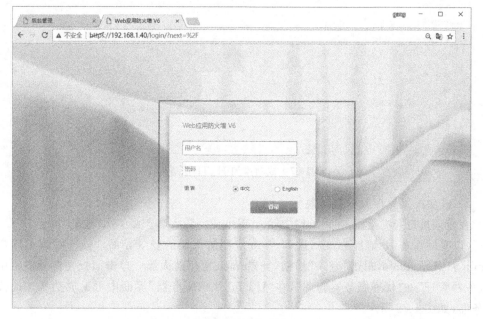

图 1-86　重启成功

【实验预期】

（1）成功配置普通服务器对象。

（2）成功配置代理服务器对象。

（3）成功配置负载均衡服务器。

【实验结果】

1）成功配置普通服务器对象

在管理机打开浏览器，在地址栏中输入 Web 应用防火墙产品的 IP 地址"https：//10.0.0.1"（以实际设备 IP 地址为准），进入 Web 应用防火墙的登录界面。输入管理员用户名 admin 和密码 admin，单击"登录"按钮，登录 Web 应用防火墙。单击面板左侧导航栏中的"服务器管理"→"普通服务器管理"，在"HTTP 服务器"界面中可见成功添加的服务器，如图 1-87 所示。

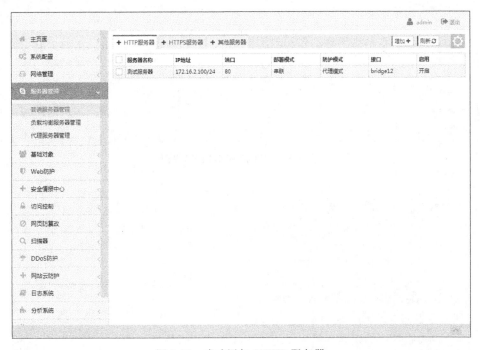

图 1-87　成功添加 HTTP 服务器

2）成功配置代理服务器对象

在管理机打开浏览器，在地址栏中输入 Web 应用防火墙产品的 IP 地址"https：//10.0.0.1"（以实际设备 IP 地址为准），进入 Web 应用防火墙的登录界面。输入管理员用户名 admin 和密码 admin，单击"登录"按钮，登录 Web 应用防火墙。单击面板左侧导航栏中的"服务器管理"→"代理服务器管理"，在"HTTP 代理服务器"界面中可见成功添加的代理服务器，如图 1-88 所示。

3）成功配置负载均衡服务器

在管理机打开浏览器，在地址栏中输入 Web 应用防火墙产品的 IP 地址"https：//10.0.0.1"（以实际设备 IP 地址为准），进入 Web 应用防火墙的登录界面。输入管理员用户名 admin 和密码 admin，单击"登录"按钮，登录 Web 应用防火墙。依次单击面板左侧导航栏中的"服务器管理"→"负载均衡服务器管理"，在"负载均衡服务器管理"界面中可见成功添加的负载服务器，如图 1-89 所示。

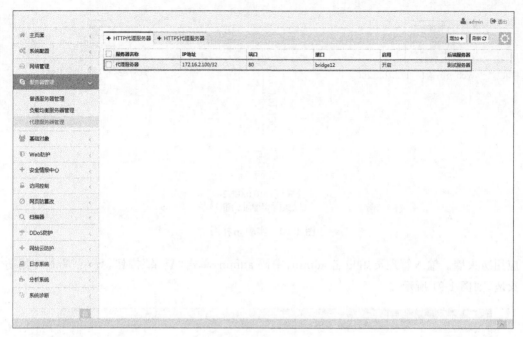

图 1-88　代理服务器列表

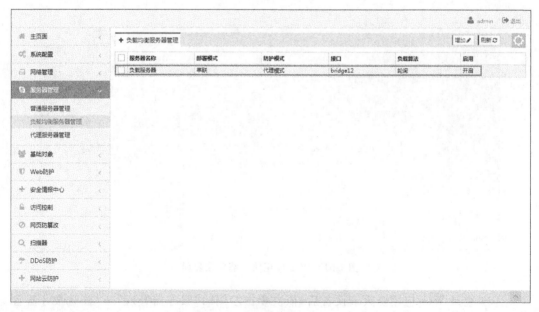

图 1-89　负载均衡服务器列表

4）成功配置 HTTPS 服务器

（1）进入实验对应的实验拓扑，登录左侧"Web 服务器 1"，如需输入密码，请输入 123456，如图 1-90 所示。

（2）在虚拟机打开火狐浏览器，在地址栏中输入"https：//172.16.2.1"，登录 Web

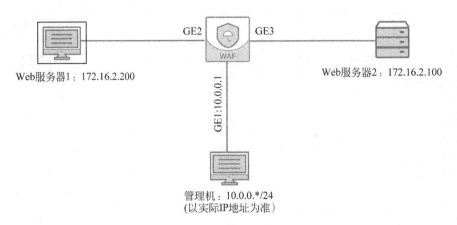

Web服务器1：172.16.2.200　　GE2　　GE3　　Web服务器2：172.16.2.100

GE1：10.0.0.1

管理机：10.0.0.*/24
（以实际IP地址为准）

图 1-90　实验拓扑图

应用防火墙。输入管理员用户名 admin，密码 admin，单击"登录"按钮，登录 Web 应用防火墙，如图 1-91 所示。

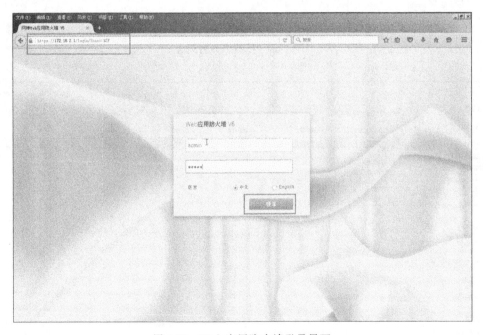

图 1-91　Web 应用防火墙登录界面

（3）登录 Web 应用防火墙设备后，依次单击左侧的"服务器管理"→"普通服务器管理"→"增加"，增加一台 HTTPS 服务器，如图 1-92 所示。

（4）在增加 HTTPS 服务器界面中，"服务器名称"输入"HTTPS 服务器"，"IP 地址"输入"172.16.2.200/24"，"端口"输入 443，"部署模式"设置为"串联"，"防护模式"设置为"代理模式"，"接口"设置为 bridge12，"ssl 站点密钥"和"ssl 站点证书"设置为桌面上的 certreq.key 和 https.crt 文件。其他保持默认配置，如图 1-93 所示。

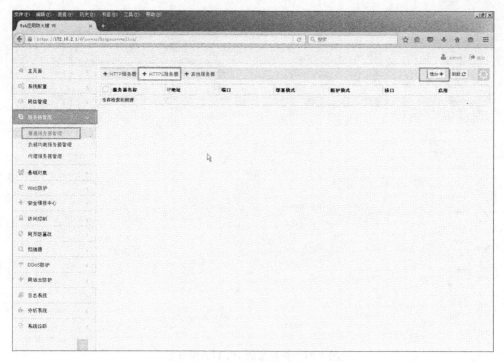

图 1-92　HTTPS 服务器列表界面

图 1-93　添加 HTTPS 服务器

（5）单击"保存"按钮,在弹出的操作成功界面中单击"确定"按钮,系统返回 HTTPS 服务器列表界面。可以看到新添加的 HTTPS 服务器,如图 1-94 所示。

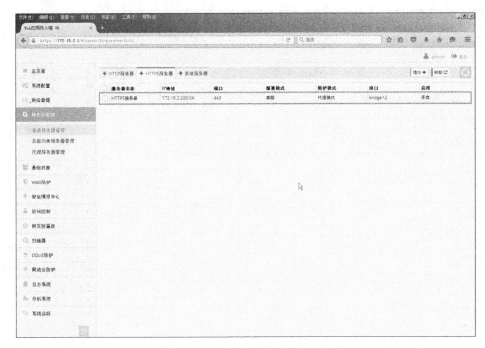

图 1-94　新添加的 HTTPS 服务器

【实验思考】

(1) 当有多台服务器时,负载均衡组成员的代表服务器应该如何选择?

(2) 是否需要配置远程管理 IP?

第 2 章

Web 应用防火墙安全
防护应用

Web 应用防火墙通过多种机制的安全防护手段保障 Web 应用系统的正常运行,Web 应用防火墙可以提供 Web 防护、HTTP 协议校验和访问控制、防爬虫和盗链、CSRF 防护、文件上传下载检测和敏感信息过滤等功能;同时还能提供网站页面防篡改和 Web 网站服务器 DDoS 攻击防护。

本章首先介绍 Web 应用防火墙安全防护实验,主要介绍 Web 应用安全防护系统系列安全解决方案的各类规则、策略的详细配置信息,在依次配置好防护规则→防护模板→防护策略之后,引用先前已经配置好对象即可使 Web 应用防火墙的防护功能生效,使对象得到保护;再介绍 DDoS 防护实验,主要介绍 IP 防护、TCP 防护、UDP 防护和 HTTP 防护四种防护实验;最后介绍网站主页防篡改实验,介绍主页防篡改服务器配置和主页防篡改实验。

2.1　Web 防护

2.1.1　Web 应用防火墙 Web 防护实验

【实验目的】

(1) 制定多种针对不同类型服务器的通用防护模板。

(2) 根据服务器的特点,为服务器添加防护模板。

【知识点】

Web 防护模板、Web 防护策略。

【场景描述】

A 公司运维工程师小王在掌握了服务器管理和基础对象配置后,需要配置 Web 应用防火墙的防护策略。小王通过查阅产品手册得知,Web 防护策略还需要与模板配合,在配置 Web 防护策略之前,需要生成一个模板,请思考应如何操作。

【实验原理】

Web 应用防火墙的安全防护功能是通过策略的方式实现的。WAF 面向被防护的对象制定统一的策略,策略引用 Web 防护模板,Web 防护模板包含自定义防护规则和预定义特征库规则。

防护策略、Web 防护模板和防护规则的关系图见图 2-1。

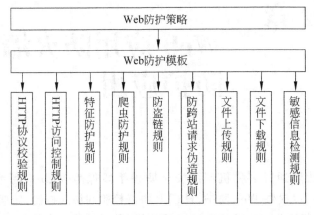

图 2-1　策略、模板、规则关系图

自定义防护规则包括 HTTP 协议校验规则、HTTP 访问控制规则、特征防护规则、爬虫防护规则、防盗链规则、防跨站请求伪造规则、文件上传规则、文件下载规则、敏感信息检测规则。

预定义特征库规则是根据系统自带的特征库规则来设置防护规则。

Web 防护的配置流程如图 2-2 所示。配置 Web 防护策略时直接引用服务器对象、Web 主机对象、IP 对象和 Web 防护模板即可生效。

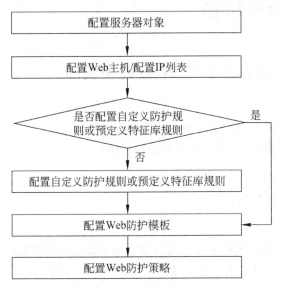

图 2-2　Web 防护配置流程图

Web 防护模板定义了 Web 防护的详细规则,包括基本配置、Web 防护规则设置和应用与防护设置。配置 Web 防护策略可以多次引用 Web 防护模板。

【实验设备】

- 安全设备：Web 应用防火墙设备 1 台。
- 主机终端：Windows Server 2003 主机 1 台，Windows XP 主机 1 台，Windows 7 主机 1 台。

【实验拓扑】

实验拓扑如图 2-3 所示。

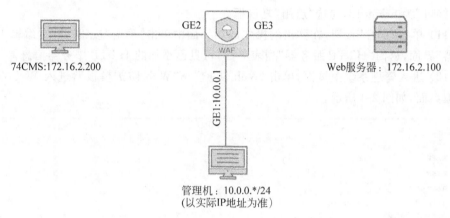

74CMS:172.16.2.200　　　　　　　　　　　　　　　　Web服务器：172.16.2.100

GE1:10.0.0.1

管理机：10.0.0.*/24
（以实际IP地址为准）

图 2-3　Web 应用防火墙 Web 防护实验拓扑

【实验思路】

（1）手动添加一个 Web 防护模板。

（2）在 Web 防护策略中将 Web 防护模板应用到服务器。

【实验步骤】

（1）在管理机打开浏览器，在地址栏中输入 Web 应用防火墙产品的 IP 地址 "https：//10.0.0.1"（以实际设备 IP 地址为准），进入 Web 应用防火墙的登录界面。输入管理员用户名 admin 和密码 admin，单击"登录"按钮，登录 Web 应用防火墙。

（2）登录 Web 应用防火墙设备后，会显示它的面板界面。单击面板左侧导航栏中的"网络管理"→"网络接口"，单击"网桥接口"。在"网桥接口"界面中，单击"增加＋"按钮，增加网桥接口。

（3）在"增加网桥接口"界面中，除默认网桥号 1 保留作为管理网桥外，输入一个不重复的网桥号即可，本实验中输入"网桥号"为 12，其他保持默认配置。

（4）单击"下一步"按钮，在弹出的增加网桥成功界面中单击"确定"按钮，再单击"完成"按钮，成功添加网桥接口。

（5）单击上方的"＋Port 接口"。在"Port 接口"界面中，双击 GE2 接口。

（6）在"编辑 Port 接口"界面中，设置"网桥接口"为 bridge12，其他保持默认配置。

（7）单击"保存"按钮，在弹出的更新成功界面中单击"确定"按钮。同样，在"Port 接口"界面中，双击 GE3 接口。在"编辑 Port 接口"界面中，设置"网桥接口"为 bridge12，其他保持默认配置。

（8）单击"保存"按钮，在弹出的更新成功界面中单击"确定"按钮。返回"Port 接口"界面中，检查 GE2、GE3 的配置信息。

（9）单击面板左侧导航栏中的"服务器管理"→"普通服务器管理"，单击上方的"HTTP 服务器"。在"HTTP 服务器"界面中，单击"增加＋"按钮，增加服务器。

（10）在"编辑 HTTP 服务器"界面中，输入"服务器名称"为"测试服务器"，"IP 地址"为"172.16.2.100/24"，"端口"为 80，设置"部署模式"为"串联"，"防护模式"为"代理模式"，"接口"为 bridge12，勾选"启用"复选框。

（11）单击"保存"按钮，在弹出的操作成功界面中单击"确定"按钮，关闭"编辑 HTTP 服务器"界面，返回"HTTP 服务器"列表界面，可见已添加的 HTTP 服务器信息。

（12）进入管理系统主页面，单击"Web 防护"→"Web 防护模板"，进入 Web 防护模板管理界面，如图 2-4 所示。

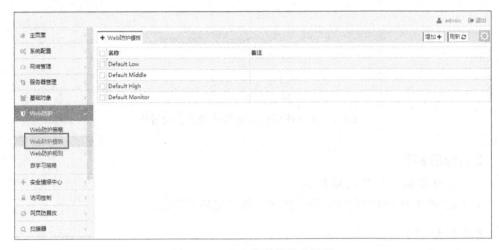

图 2-4　Web 防护模板管理界面

（13）单击"增加"按钮，增加一个 Web 防护模板，如图 2-5 所示。

图 2-5　增加一个 Web 防护模板

（14）弹出"增加 Web 防护模板"界面，如图 2-6 所示。

（15）编辑 Web 防护模板名称。然后根据需要，在各项规则中选择已定义好的规则模板，如图 2-7 所示。

（16）编辑完成后，单击"保存"按钮，保存配置。配置 Web 防护策略。进入管理系统主页面，单击"Web 防护"→"Web 防护策略"，进入 Web 防护策略管理界面，如图 2-8 所示。

图 2-6　"增加 Web 防护模板"界面

图 2-7　编辑 Web 防护模板参数

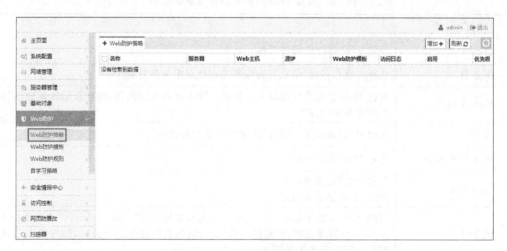

图 2-8　Web 防护策略管理界面

（17）单击"增加"按钮,增加一个 Web 防护策略,如图 2-9 所示。

图 2-9　增加 Web 防护策略

(18) 弹出策略配置界面,根据需要编辑 Web 防护策略,输入"名称"为"Web 防护策略","服务器"设置为"测试服务器","Web 防护模板"设置为"Custom Standard","访问日志"设置为"开启","优先级"输入 1,勾选"启用"复选框,如图 2-10 所示。

图 2-10　策略配置界面

(19) 配置 Web 防护策略的详细参数说明如表 2-1 所示。

表 2-1　配置 Web 防护策略详细参数说明

配 置 项	描　　述
名称	自定义 Web 防护策略名称
服务器	选择普通服务器、负载均衡服务器或代理服务器对象
Web 主机	选择 Web 主机或直接输入主机名。Web 主机可以为空,为空表示防护服务器上所有 Web 主机
源 IP	选择 IP 列表对象,设置匹配策略的数据包源 IP
Web 防护模板	选择 Web 防护模板
访问日志	开启,记录访问日志; 关闭,不记录访问日志
优先级	自定义 Web 防护策略的优先级。优先级数越小,优先级别越高,优先级别由 1 至 10 000 逐级递减,优先级可重复,当两条数据优先级一致时,则按照添加数据的顺序决定优先级顺序
是否启用	启用:启用 Web 防护策略; 禁用:禁用 Web 防护策略

(20) 编辑完成后,单击"确认"按钮,保存配置即可生效。

【实验预期】

配置 Web 防护模板和防护策略后,Web 应用防火墙中显示新的 Web 防护模板和防护策略。

【实验结果】

（1）Web 防护模板中增加了一个名称为"Custom Standard"的防护模板，如图 2-11 所示。

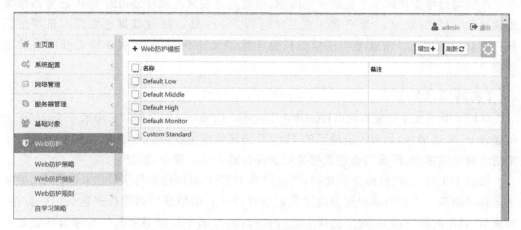

图 2-11　新增防护模板

（2）Web 防护策略中增加了一个名称为"Web 防护策略"的防护策略，并应用了 "Custom Standard"防护模板，如图 2-12 所示。

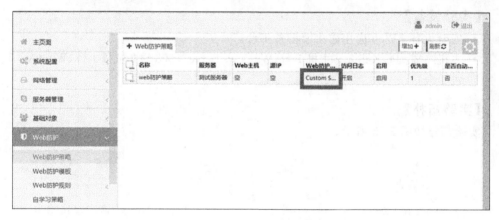

图 2-12　新增 Web 防护策略

【实验思考】

配置 Web 防护策略前，除了需要配置 Web 防护模板，还需要准备什么？

2.1.2　Web 应用防火墙 HTTP 协议校验实验

【实验目的】

针对 Web 服务器面临大量畸形的 HTTP 协议数据包的网络攻击，通过配置 Web 防护策略和 Web 防护模板实现对网络攻击的防护。

【知识点】

HTTP 协议校验。

【场景描述】

A 公司运维工程师小王面临一个问题,他通过监控软件发现公司的 Web 服务器带宽出现异常满载,导致 Web 服务器无法正常运行。小王通过抓取数据包发现大量畸形的 HTTP 协议数据包。请思考小王应如何操作才能使得公司 Web 服务器免受网络攻击威胁。

【实验原理】

HTTP 是超文本传输协议(Hypertext Transfer Protocol)的简称。它用来在 Internet 上传递 Web 页面信息,如果大量畸形的 HTTP 协议数据包攻击服务器,会影响服务器对正常请求的反应速度,严重的会造成服务器缓冲区溢出或者服务器瘫痪。

添加 HTTP 协议校验防护规则,可以设置 HTTP 协议包头各字段的长度限值、控制主体和控制源。当客户端向服务器发起请求时,WAF 引擎获取标准数据包头中的数据,对源 IP 对象向服务器 IP 对象的请求进行校验;将规则中设定了限值的实际值和设定限值比较,如果大于限值则说明可能遭受畸形 HTTP 协议包攻击。同时也可以检查 HTTP 的版本号和请求方法,HOST 域是否为空,POST 请求消息报头中的 content_length 是否为空等。

【实验设备】

- 安全设备:Web 应用防火墙设备 1 台。
- 主机终端:PC Kali 2.0 主机 1 台,Windows Server 2003 SP2 主机 1 台,Windows 7 主机 1 台。

【实验拓扑】

实验拓扑如图 2-13 所示。

图 2-13　Web 应用防火墙 HTTP 协议校验实验拓扑

【实验思路】

(1) 设置 HTTP 协议校验规则。

(2) 增加 Web 防护模板，引用 HTTP 协议校验规则。

(3) 增加 Web 防护策略，引用 Web 防护模板。

(4) Web 防火墙识别超长参数的 URL 访问并产生攻击日志。

【实验步骤】

(1) 在管理机打开浏览器，在地址栏中输入 Web 应用防火墙产品的 IP 地址 "https：//10.0.0.1"(以实际设备 IP 地址为准)，进入 Web 应用防火墙的登录界面。输入管理员用户名 admin 和密码 admin，单击"登录"按钮，登录 Web 应用防火墙。

(2) 登录 Web 应用防火墙设备后，会显示它的面板界面。单击面板左侧导航栏中的"网络管理"→"网络接口"，单击"网桥接口"。在"网桥接口"界面中，单击"增加＋"按钮，增加网桥接口。

(3) 在"增加网桥接口"界面中，除默认网桥号 1 保留作为管理网桥外，输入一个不重复的网桥号即可，本实验中输入"网桥号"为 12，其他保持默认配置。

(4) 单击"下一步"按钮，在弹出的增加网桥成功界面中单击"确定"按钮，再单击"完成"按钮，添加网桥接口。

(5) 单击上方的"＋Port 接口"。在"Port 接口"界面中，双击 GE2 接口。

(6) 在"编辑 Port 接口"界面中，设置"网桥接口"为 bridge12，其他保持默认配置。

(7) 单击"保存"按钮，在弹出的更新成功界面中单击"确定"按钮。同样，在"Port 接口"界面中，双击 GE3 接口。在"编辑 Port 接口"界面中，设置"网桥接口"为 bridge12，其他保持默认配置。

(8) 单击"保存"按钮，在弹出的更新成功界面中单击"确定"按钮。返回"Port 接口"界面中，检查 GE2、GE3 的配置信息。

(9) 单击面板左侧导航栏中的"服务器管理"→"普通服务器管理"，在"HTTP 服务器"界面中，单击"增加＋"按钮，增加服务器。

(10) 在"编辑 HTTP 服务器"界面中，输入"服务器名称"为"测试服务器"，"IP 地址"为"172.16.2.100/24"，"端口"为 80，设置"部署模式"为"串联"，"防护模式"为"代理模式"，"接口"为 bridge12，勾选"启用"的复选框。

(11) 单击"保存"按钮，在弹出的操作成功界面中单击"确定"按钮，关闭"编辑 HTTP 服务器"界面，返回"HTTP 服务器"列表界面，可见已添加的 HTTP 服务器信息。

(12) 单击面板左侧导航栏中的"Web 防护"→"Web 防护规则"→"HTTP 协议校验规则"，在"HTTP 协议校验规则"界面中双击"Default Monitor"，如图 2-14 所示。

(13) 在"编辑 HTTP 协议校验规则"界面中，可见"参数个数"的"参数值"为"16"，保持默认配置，如图 2-15 所示。

(14) 单击"保存"按钮，在弹出的更新协议校验规则成功界面中单击"确定"按钮，关

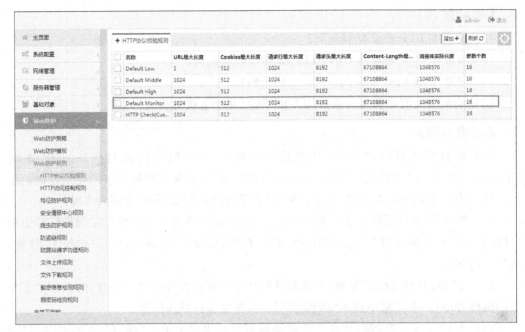

图 2-14　打开"Default Monitor"协议校验规则

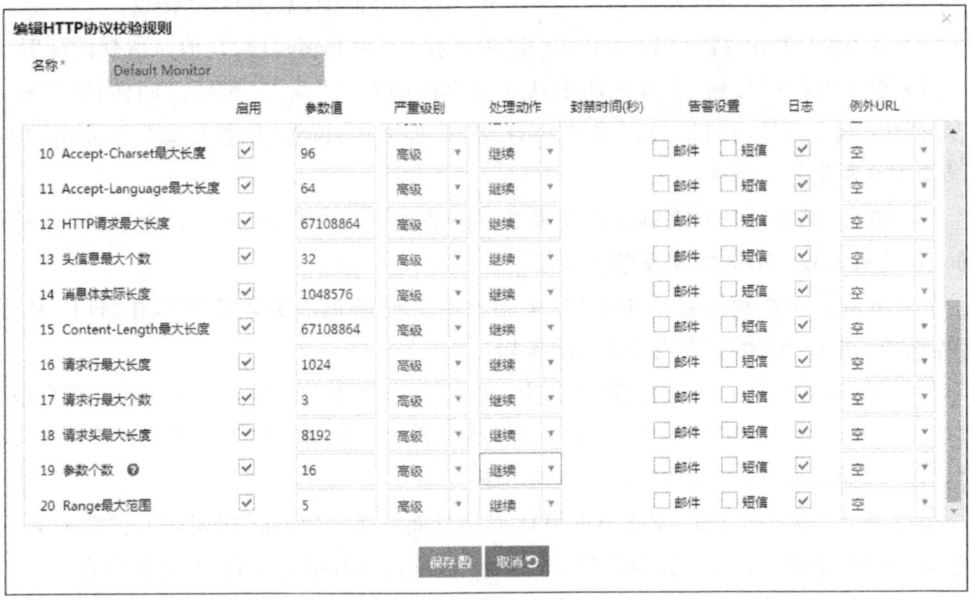

图 2-15　设置 HTTP 协议校验规则

闭"编辑 HTTP 协议校验规则"界面。单击"Web 防护"→"Web 防护模板",在"Web 防护模板"界面中,单击"增加＋"按钮,增加防护模板,如图 2-16 所示。

（15）在"增加 Web 防护模板"界面中,在"名称"中输入"HTTP 协议校验模板",设置"HTTP 协议校验规则"为"Default Monitor",其他保持默认配置。

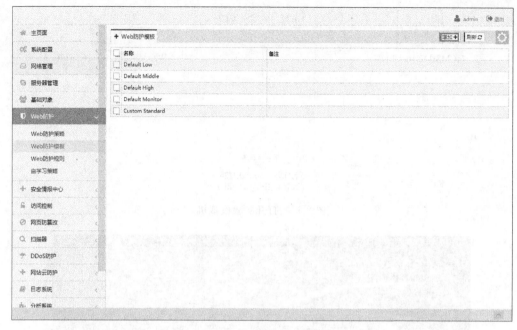

图 2-16　增加防护模板

（16）单击"保存"按钮，在弹出的配置成功界面中，单击"确定"按钮，关闭"增加 Web 防护模板"界面，返回"Web 防护模板"界面中，可见已添加的防护模板。

（17）单击"Web 防护"→"Web 防护策略"，在"Web 防护策略"界面中，单击"增加＋"按钮，增加防护策略。

（18）在"增加 Web 防护策略"界面中，在"名称"中输入"HTTP 协议校验策略"，设置"Web 防护模板"为"HTTP 协议校验模板"，其他保持默认配置。

（19）单击"保存"按钮，在弹出的配置成功界面中单击"确定"按钮，关闭"增加 Web 防护策略"界面，返回"Web 防护策略"界面中，可见已添加的防护策略。

【实验预期】

（1）PC 能正常访问 Web 服务器网站页面。

（2）Web 应用防火墙能阻断超长参数的 URL 访问并记录进"攻击日志"。

【实验结果】

1）PC 能正常访问 Web 服务器网站页面

（1）进入实验平台对应的实验拓扑，登录左侧的 74CMS 虚拟机，如需登录密码，输入 123456。如图 2-17 所示。

（2）在虚拟机打开终端，如图 2-18 所示。

（3）在终端中，输入命令 firefox 并按 Enter 键，打开火狐浏览器，如图 2-19 所示。

（4）在浏览器地址栏中输入 Web 服务器的 IP 地址"172.16.2.100"，并按 Enter 键，进入 Web 服务器网站首页，单击首页方框所标的"销售代表"，如图 2-20 所示。

图 2-17　打开实验虚拟机

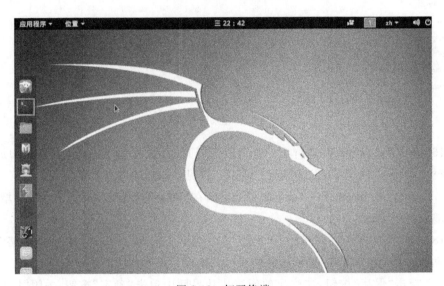

图 2-18　打开终端

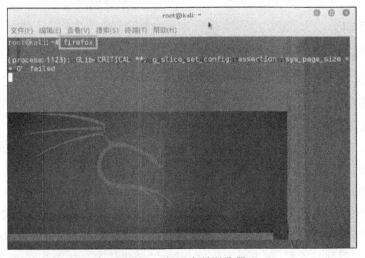

图 2-19　打开火狐浏览器

图 2-20 单击网页内容"销售代表"

（5）跳转到指定界面后，可见地址栏中的 URL 为"172.16.2.100/jobs/jobs-list. php? key=%CF%FA%CA%DB%B4%FA%B1%ED"，此 URL 存在一个参数"key"，如图 2-21 所示。

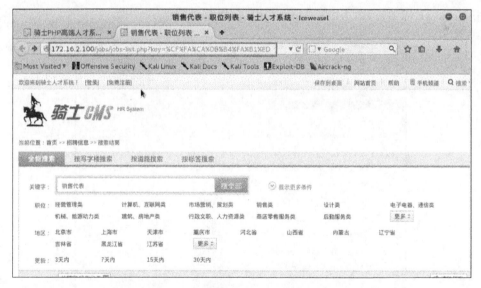

图 2-21 分析 URL 中的参数个数

2）对 Web 服务器网站进行超长参数访问，被阻断并产生攻击日志

（1）在虚拟机中，为火狐浏览器设置代理。单击浏览器最右侧的下拉按钮，单击 Preference，如图 2-22 所示。

（2）在弹出的"Iceweasel Preferences"界面中，单击上方的 Advanced，再在下方界面

图 2-22　为火狐浏览器设置代理

单击 Network 标签页，单击"Settings…"按钮，如图 2-23 所示。

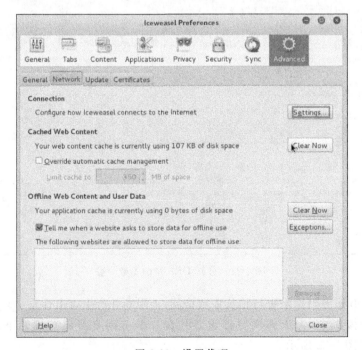

图 2-23　设置代理

（3）在弹出的"Connection Settings"界面中，选中"Manual proxy configuration"单选按钮，在"HTTP Proxy"中输入"127.0.0.1"，与它同行的 Port 中输入 8080，如图 2-24 所示。

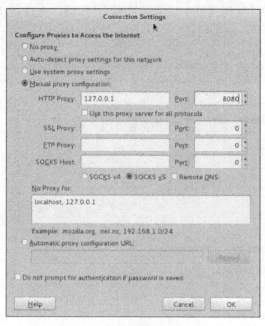

图 2-24　设置代理 IP 和端口

（4）单击 OK 按钮，返回"Iceweasel Preferences"界面，单击 Close 按钮，返回浏览器界面，代理设置成功。单击虚拟机中左侧工具栏的 Burp Suite 图标，如图 2-25 所示。

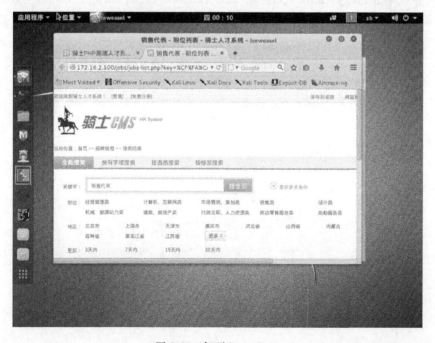

图 2-25　打开 Burp Suite

（5）在弹出的"Burp Suite Free Edition"界面中，单击"I Accept"按钮。在"Burp Suite Free Edition v1.6.01"界面中，单击 Proxy→Options，在"Proxy Listeners"界面中，可见默认勾选的代理 IP 和端口与浏览器中设置的代理 IP 和端口一致，如图 2-26 所示。

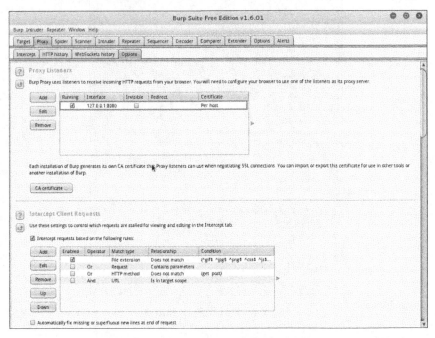

图 2-26　查看 Burp Suite 的代理 IP 和端口

（6）依次单击 Proxy→Intercept，发现"Intercept is on"，说明 Burp Suite 开始拦截浏览器发送的数据包。返回浏览器界面，单击"刷新"按钮，使 Burp Suite 抓取到数据包，如图 2-27 所示。

图 2-27　刷新网页

（7）返回"Burp Suite Free Edition v1.6.01"界面中，可见捕捉到的数据包。在显示数据包的方框中右击鼠标，单击"Send to Repeater"，如图 2-28 所示。

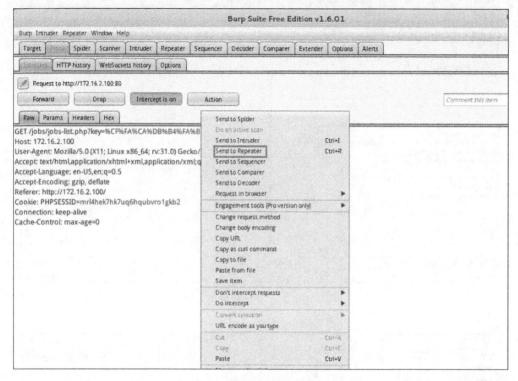

图 2-28　发送数据包到 Repeater

（8）依次单击 Repeater→Request→Raw，增加 URL 参数。本实验中 Web 应用防火墙检测 URL 参数，如果超过 16 个，就会阻断并记录到"攻击日志"中。再手动增加 16 个参数，URL 中所有参数为"key＝%CF%FA%CA%DB%B4%FA%B1%ED&category＝1&subclass＝2&district＝35&sdistrict＝35&settr＝3&trade＝&wage＝&nature＝&scale＝&inforow＝&sort＝&page＝1&id＝1&name＝wz&pass＝wx&swx＝man"。单击 Go 按钮，发送数据包，如图 2-29 所示。

（9）在管理机打开浏览器，在地址栏中输入 Web 应用防火墙产品的 IP 地址"https：//10.0.0.1"（以实际设备 IP 地址为准），进入 Web 应用防火墙的登录界面。输入管理员用户名 admin 和密码 admin，单击"登录"按钮，登录 Web 应用防火墙。单击面板左侧导航栏中的"日志系统"→"攻击日志"。在"攻击日志"界面中，可见产生的日志信息，说明 HTTP 协议校验配置生效，如图 2-30 所示。

【实验思考】

如何配置 Web 防护规则，使 Web 应用防火墙能阻断超长参数的 URL 访问？

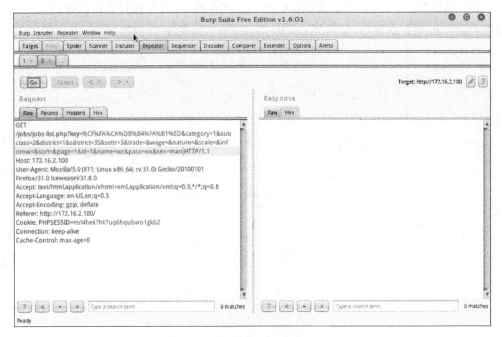

图 2-29　发送数据包

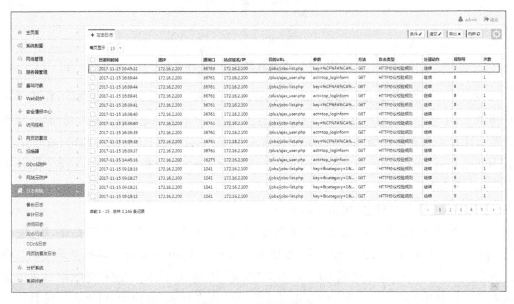

图 2-30　产生日志信息

2.1.3　Web 应用防火墙 HTTP 访问控制实验

【实验目的】

根据网站防护需求,配置 HTTP 访问控制规则来控制用户的访问权限。

【知识点】

HTTP、访问控制。

【场景描述】

近日,某招聘网站开通了会员业务,出于对会员账号的保护需求,公司领导要求安全运维工程师小王通过设备设置 Web 应用防火墙实现不允许其他人通过 POST 的方式登录会员账号,请思考应如何操作。

【实验原理】

网站出于保护某些网页安全的目的,需要控制某些用户的访问权限。具体需要分为以下几类:

(1) 对访问者访问的 URL 控制,允许或不允许访问设定的 URL 对象。

(2) 对访问者的 HTTP 方法的控制,允许或不允许设定的 HTTP 方法访问。

(3) 对访问者的 IP 的控制,允许或不允许设定的 IP 对象访问。

当产生被控制的访问时,可以选择是否需要告警,以邮件或短信等方式,通知管理员,并执行处理动作。

【实验设备】

- 安全设备:Web 应用防火墙设备 1 台。
- 主机终端:Windows Server 2003 SP2 主机 1 台,Windows XP SP3 主机 1 台,Windows 7 主机 1 台。

【实验拓扑】

实验拓扑如图 2-31 所示。

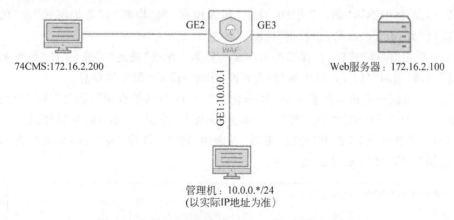

图 2-31　Web 应用防火墙 HTTP 访问控制实验拓扑

【实验思路】

(1) 新建 HTTP 访问控制规则。

(2) 新建 HTTP 访问控制模板,引用访问控制规则。

（3）新建 HTTP 访问控制策略，引用访问控制模板。

【实验步骤】

（1）在管理机打开浏览器，在地址栏中输入 Web 应用防火墙产品的 IP 地址"https：//10.0.0.1"（以实际设备 IP 地址为准），进入 Web 应用防火墙的登录界面。输入管理员用户名 admin 和密码 admin，单击"登录"按钮，登录 Web 应用防火墙。

（2）登录 Web 应用防火墙设备后，会显示它的面板界面。单击面板左侧导航栏中的"网络管理"→"网络接口"，单击"网桥接口"。在"网桥接口"界面中，单击"增加＋"按钮，增加网桥接口。

（3）在"增加网桥接口"界面中，除默认网桥号 1 保留作为管理网桥外，输入一个不重复的网桥号即可，本实验中输入"网桥号"为 12，其他保持默认配置。

（4）单击"下一步"按钮，在弹出的增加网桥成功界面中单击"确定"按钮，再单击"完成"按钮，添加网桥接口。

（5）单击上方的"＋Port 接口"。在"Port 接口"界面中，双击 GE2 接口。

（6）在"编辑 Port 接口"界面中，设置"网桥接口"为 bridge12，其他保持默认配置。

（7）单击"保存"按钮，在弹出的更新成功界面中单击"确定"按钮。同样，在"Port 接口"界面中，双击 GE3 接口。在"编辑 Port 接口"界面中，设置"网桥接口"为 bridge12，其他保持默认配置。

（8）单击"保存"按钮，在弹出的更新成功界面中单击"确定"按钮。返回"Port 接口"界面中，检查 GE2、GE3 的配置信息。

（9）单击面板左侧导航栏中的"服务器管理"→"普通服务器管理"，在"HTTP 服务器"界面中，单击"增加＋"按钮，增加服务器。

（10）在"编辑 HTTP 服务器"界面中，输入"服务器名称"为"测试服务器"，"IP 地址"为"172.16.2.100/24"，"端口"为 80，设置"部署模式"为"串联"，"防护模式"为"代理模式"，"接口"为 bridge12，勾选"启用"的复选框。

（11）单击"保存"按钮，在弹出的操作成功界面中单击"确定"按钮，关闭"编辑 HTTP 服务器"界面，返回"HTTP 服务器"列表界面，添加 HTTP 服务器信息。

（12）单击面板左侧导航栏中的"Web 防护"→"Web 防护规则"，选择"HTTP 访问控制规则"。在"HTTP 访问控制"界面中，单击"添加＋"按钮，添加访问控制规则。

（13）在"增加 HTTP 访问控制规则"界面中，输入"名称"为"访问控制规则"，设置"默认动作"为"继续"，如图 2-32 所示。

图 2-32 "增加 HTTP 访问控制规则"界面

（14）单击"保存"按钮，在弹出的配置成功界面中单击"确定"按钮，返回"增加 HTTP

访问控制规则"界面,单击"增加＋"按钮,增加访问控制条目,如图 2-33 所示。

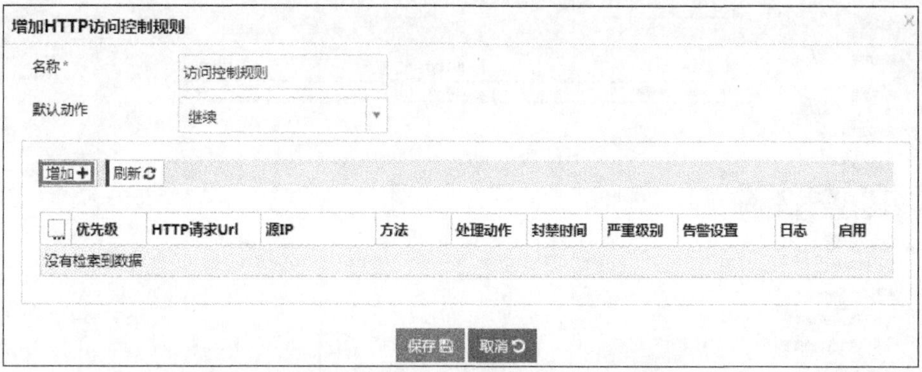

图 2-33　增加访问控制条目

(15) 在"增加 HTTP 访问控制规则条目"界面中,"处理动作"设置为"阻断",勾选
"方法"中的 POST 复选框,其他保持默认配置,如图 2-34 所示。

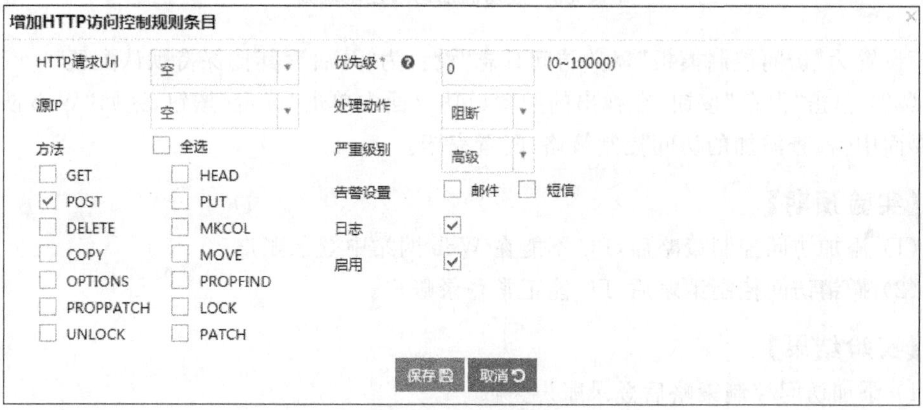

图 2-34　"增加 HTTP 访问控制规则条目"界面

(16) 单击"保存"按钮,在弹出的配置成功界面中单击"确定"按钮,返回"增加 HTTP
访问控制规则"界面,单击"保存"按钮,在弹出的更新成功界面中单击"确定"按钮,返回
"HTTP 访问控制规则"界面,可见添加的访问控制规则,如图 2-35 所示。

(17) 单击"Web 防护"→"Web 防护模板",在"Web 防护模板"界面中单击"增加＋"
按钮,增加防护模板。

(18) 在"增加 Web 防护模板"界面中,输入"名称"为"访问控制模板","HTTP 访问
控制规则"设置为"访问控制规则",其他保持默认配置。

(19) 单击"保存"按钮,在弹出的配置成功界面中单击"确定"按钮,返回"Web 防护模
板"界面中,检查添加的 Web 防护模板。

(20) 单击"Web 防护"→"Web 防护策略",在"Web 防护策略"界面中单击"增加＋"
按钮,添加访问控制策略。

(21) 在"增加 Web 防护策略"界面中,输入"名称"为"访问控制策略",将"Web 防护

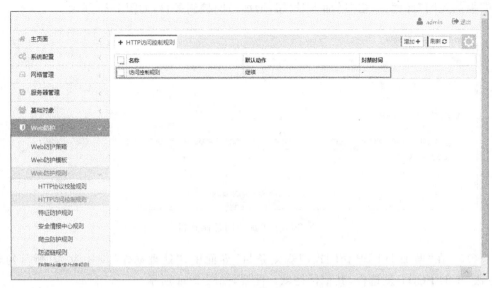

图 2-35　成功添加访问控制规则

模板"设置为"访问控制模板",将"访问日志"设置为"开启",其他保持默认配置。

（22）单击"保存"按钮,在弹出的配置成功界面中单击"确定"按钮,返回"Web 防护策略"界面中,检查添加的访问控制策略,配置完毕。

【实验预期】

（1）添加访问控制策略后,PC 不能在 Web 网站中登录账户。

（2）撤销访问控制策略后,PC 能正常登录账户。

【实验结果】

1）添加访问控制策略后登录账户失败

（1）登录实验平台中对应实验拓扑左侧的 74CMS,进入虚拟机,如图 2-36 所示。

图 2-36　登录左侧虚拟机

（2）在虚拟机打开火狐浏览器"Mozilla Firefox",在地址栏中输入"172.16.2.100"后按 Enter 键,单击"会员中心",如图 2-37 所示。

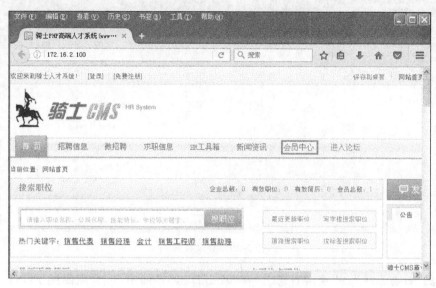

图 2-37　单击"会员中心"栏目

(3) 在跳转到的页面中输入账户信息。本实验中账户的账号是 xiaowang,口令为"!1fw@2soc♯3vpn"。输入"账号"为 xiaowang,"密码"为"!1fw@2soc♯3vpn",如图 2-38 所示。

图 2-38　输入会员账号和密码

(4) 单击"登录"按钮,使用 POST 方式提交了数据,可见页面没有跳转,如图 2-39 所示。

(5) 关闭火狐浏览器。在管理机打开浏览器,在地址栏中输入 Web 应用防火墙产品的 IP 地址"https://10.0.0.1"(以实际设备 IP 地址为准),进入 Web 应用防火墙的登录界面。输入管理员用户名 admin 和密码 admin,登录 Web 应用防火墙。单击面板左侧导

图 2-39　登录账户

航栏中的"日志系统"→"攻击日志"。在"攻击日志"界面中,可见阻断的 POST 类型链接,符合预期要求,如图 2-40 所示。

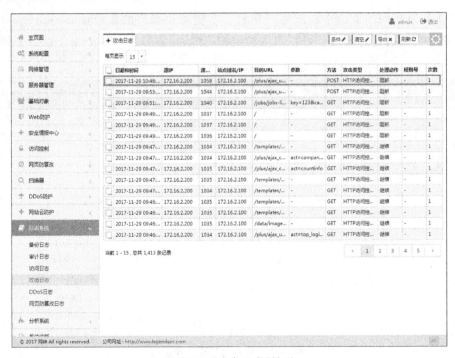

图 2-40　"攻击日志"界面

2) 撤销访问控制策略后,成功登录账户

(1) 在管理机打开浏览器,在地址栏中输入 Web 应用防火墙产品的 IP 地址"https://10.0.0.1"(以实际设备 IP 地址为准),进入 Web 应用防火墙的登录界面。输入管理员用户名 admin 和密码 admin,登录 Web 应用防火墙。单击面板左侧导航栏中的"Web 防护"→"Web

防护策略"。在"Web 防护策略"界面中，双击"访问控制策略"。

（2）在"编辑 Web 防护策略"界面中，取消勾选"启用"复选框。

（3）单击"保存"按钮，在弹出的配置成功界面中单击"确定"按钮。登录实验平台中对应实验拓扑左侧的 74CMS，进入虚拟机。打开火狐浏览器，在地址栏中输入"172.16.2.100"后按 Enter 键，在页面中单击"会员中心"，在跳转到的页面中，输入"账号"为 xiaowang，"密码"为"!1fw@2soc#3vpn"，如图 2-41 所示。

图 2-41　"会员登录"界面

（4）单击"登录"按钮，成功登录账户，符合预期要求，如图 2-42 所示。

图 2-42　成功登录账户

【实验思考】

如何设置对 GET 类型链接的访问控制？

2.1.4　Web 应用防火墙爬虫防护实验

【实验目的】

管理员通过配置 Web 应用防火墙爬虫防护规则阻止爬虫行为，防止网站服务器资源被爬虫访问占用，防止网站敏感信息泄露。

【知识点】

爬虫防护规则。

【场景描述】

A 公司客户人员接到客户反馈，公司对外提供的服务网站打开速度很慢，甚至出现无法打开的状况，公司领导要求安全运维工程师小王解决此问题。小王通过分析怀疑是有人恶意针对网站服务器使用爬虫访问占用服务器带宽资源导致。小王马上在该网站服务器前的 Web 应用防火墙上设置了爬虫防护规则，问题得以解决。请思考小王是如何设置的。

【实验原理】

网络爬虫是一种按照一定的规则，自动抓取万维网信息的程序或者脚本。网络上有很多搜索引擎，如百度、雅虎等，都使用爬虫提供最新的数据。但如果恶意使用爬虫爬取大量的网站页面，不但占用网站带宽，而且影响服务器性能，Web 应用防火墙通过设置该策略，可以防止信息被搜索引擎获取。

【实验设备】

- 安全设备：Web 应用防火墙设备 1 台。
- 主机终端：Kali 2.0 主机 1 台，Windows 2003 SP2 主机 1 台，Windows 7 主机 1 台。

【实验拓扑】

实验拓扑如图 2-43 所示。

【实验思路】

(1) 添加爬虫防护规则。

(2) 添加爬虫防护模板，引用爬虫防护规则。

(3) 添加爬虫防护策略，引用爬虫防护模板。

【实验步骤】

(1) 在管理机打开浏览器，在地址栏中输入 Web 应用防火墙产品的 IP 地址"https：//10.0.0.1"(以实际设备 IP 地址为准)，进入 Web 应用防火墙的登录界面。输入管理员用户名 admin 和密码 admin，单击"登录"按钮，登录 Web 应用防火墙。

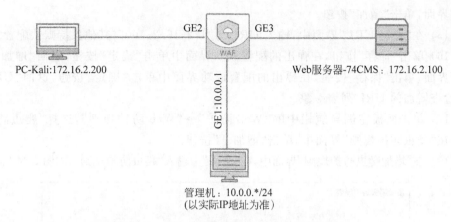

PC-Kali:172.16.2.200

Web服务器-74CMS：172.16.2.100

GE1:10.0.0.1

GE2　　GE3

WAF

管理机：10.0.0.*/24
（以实际IP地址为准）

图 2-43　Web 应用防火墙爬虫防护实验拓扑

（2）登录 Web 应用防火墙设备后，会显示它的面板界面。单击面板左侧导航栏中的"网络管理"→"网络接口"，单击"网桥接口"。在"网桥接口"界面中，单击"增加＋"按钮，增加网桥接口。

（3）在"增加网桥接口"界面中，除默认网桥号 1 保留作为管理网桥外，输入一个不重复的网桥号即可，本实验中输入"网桥号"为 12，其他保持默认配置。

（4）单击"下一步"按钮，在弹出的增加网桥成功界面中单击"确定"按钮，再单击"完成"按钮，添加网桥接口。

（5）单击上方的"＋Port 接口"。在"Port 接口"界面中，双击 GE2 接口。

（6）在"编辑 Port 接口"界面中，设置"网桥接口"为 bridge12，其他保持默认配置。

（7）单击"保存"按钮，在弹出的更新成功界面中单击"确定"按钮。同样，在"Port 接口"界面中，双击 GE3 接口。在"编辑 Port 接口"界面中，设置"网桥接口"为 bridge12，其他保持默认配置。

（8）单击"保存"按钮，在弹出的更新成功界面中单击"确定"按钮。返回"Port 接口"界面中，检查 GE2、GE3 的配置信息。

（9）单击面板左侧导航栏中的"服务器管理"→"普通服务器管理"，单击上方的"HTTP 服务器"。在"HTTP 服务器"界面中，单击"增加＋"按钮，增加服务器。

（10）在"编辑 HTTP 服务器"界面中，输入"服务器名称"为"测试服务器"，"IP 地址"为"172.16.2.100/24"，"端口"为 80，设置"部署模式"为"串联"，"防护模式"为"代理模式"，"接口"为 bridge12，勾选"启用"复选框。

（11）单击"保存"按钮，在弹出的操作成功界面中单击"确定"按钮，关闭"编辑 HTTP 服务器"界面，返回"HTTP 服务器"列表界面，检查已添加的 HTTP 服务器信息。

（12）单击面板左侧导航栏中的"基础对象"→"URL 列表"，在"URL 列表"界面中，单击"增加＋"按钮，增加 URL 列表对象。

（13）在"增加 URL 列表"界面中，输入"名称"为"172.16.2.100"，其他保持默认配置。

（14）单击"保存"按钮，在弹出的配置成功界面中单击"确定"按钮，返回"增加 URL

列表"界面,单击"增加"按钮。

(15) 在"增加 URL"界面中,输入 URL 为"172.16.2.100",其他保持默认配置。

(16) 单击"保存"按钮,在弹出的配置成功界面中单击"确定"按钮,返回"增加 URL 列表"界面,单击"保存"按钮,在弹出的配置成功界面中单击"确定"按钮,返回"URL 列表",检查增加的 URL 列表对象。

(17) 单击面板左侧导航栏中的"Web 防护"→"Web 防护规则",选择"爬虫防护规则"。在"爬虫防护规则"界面中,单击"增加+"按钮。

(18) 在"增加爬虫防护规则"界面中,在"名称"中输入"爬虫防护规则",如图 2-44 所示。

图 2-44 "增加爬虫防护规则"界面

(19) 单击"保存"按钮,在弹出的配置成功界面中单击"确定"按钮,返回"增加爬虫防护规则"界面,单击"增加+"按钮,增加防护条目,如图 2-45 所示。

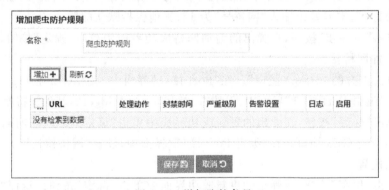

图 2-45 增加防护条目

(20) 在"增加爬虫防护规则条目"界面中,"爬虫防护 URL"设置为"172.16.2.100","处理动作"设置为"封禁",其他保持默认配置,如图 2-46 所示。

图 2-46 "增加爬虫防护规则条目"界面

（21）单击"保存"按钮,在弹出的配置成功界面中,单击"确定"按钮,返回"增加爬虫防护规则"界面,单击"保存"按钮,在弹出的更新成功界面中单击"确定"按钮,返回"爬虫防护规则"界面,可见增加的爬虫防护规则,如图 2-47 所示。

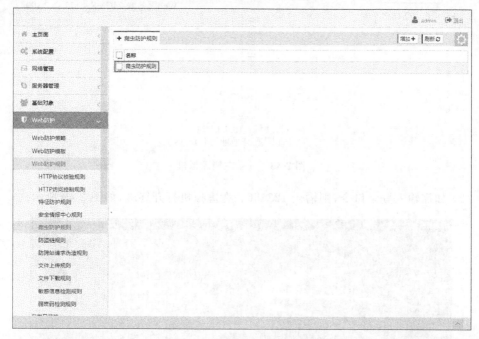

图 2-47　成功增加爬虫防护规则

（22）单击"Web 防护"→"Web 防护模板",在"Web 防护模板"界面中单击"增加+"按钮,增加防护模板。

（23）在"增加 Web 防护模板"界面中,输入"名称"为"爬虫防护模板","爬虫防护规则"设置为"爬虫防护规则",其他保持默认配置。

（24）单击"保存"按钮,在弹出的配置成功界面中单击"确定"按钮,返回"Web 防护模板"界面,检查增加的防护模板。

（25）单击"Web 防护"→"Web 防护策略",在"Web 防护策略"界面中,单击"增加+"按钮,增加防护策略。

（26）在"增加 Web 防护策略"界面中,输入"名称"为"爬虫防护策略","Web 防护模板"设置为"爬虫防护模板","访问日志"设置为"开启",其他保持默认配置。

（27）单击"保存"按钮,在弹出的配置成功界面中单击"确定"按钮,返回"Web 防护策略"界面,检查增加的防护策略,配置完毕。

【实验预期】

添加爬虫防护策略后,防火墙阻断爬虫攻击,可见爬虫防护日志。

【实验结果】

（1）登录实验平台中对应实验拓扑左侧的 PC-Kali2.0,进入虚拟机,如图 2-48 所示。

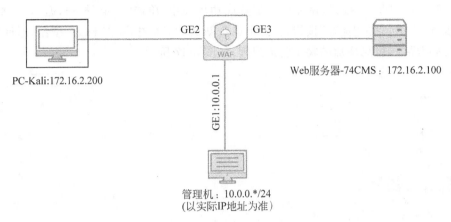

图 2-48　登录左侧虚拟机

（2）如需输入登录口令，则输入 123456。在虚拟机打开终端，如图 2-49 所示。

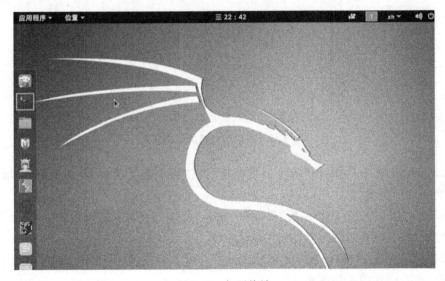

图 2-49　打开终端

（3）在终端中输入命令 burpsuite 并按 Enter 键，打开此软件，用它做代理爬取网页，如图 2-50 所示。

（4）在"Burp Suite Free Edition"界面中，单击"I Accept"按钮。

（5）右击终端图标，选择"新窗口"命令，如图 2-51 所示。

（6）在新终端窗口中输入命令 firefox，打开火狐浏览器，如图 2-52 所示。

（7）在火狐浏览器中，单击右侧的下拉框，单击 Preferences 按钮。在"Iceweasel Preferences"界面中，单击上方的 Advanced，在中部单击 Network，在界面中单击"Settings…"按钮，设置代理。

（8）在"Connection Settings"界面中，勾选"Manual Proxy configuration"，在"HTTP Proxy"行中输入"127.0.0.1"，在同一行的 Port 中输入 8080。Burpsuite 软件默认设置的

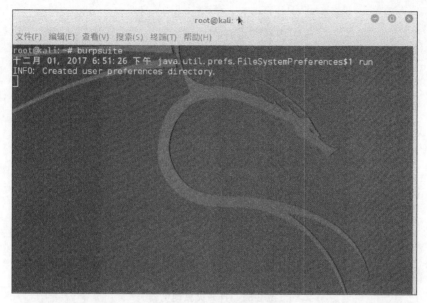

图 2-50　打开火狐浏览器

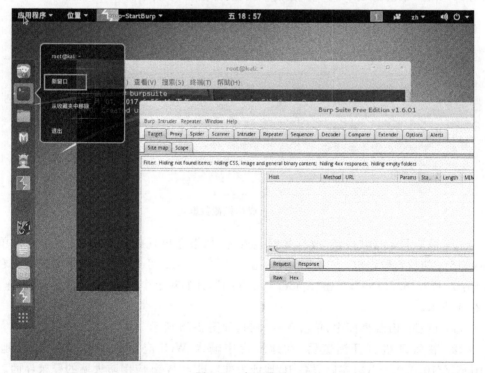

图 2-51　打开终端

代理 IP 为"127.0.0.1",代理端口为 8080,和本实验浏览器设置的代理一致。

　　(9) 单击 OK 按钮,返回"Iceweasel Preferences"界面,单击 Close 按钮,返回浏览器页面,在地址栏中输入"172.16.2.100"后按 Enter 键,切换到"Burp Suite Free Edition

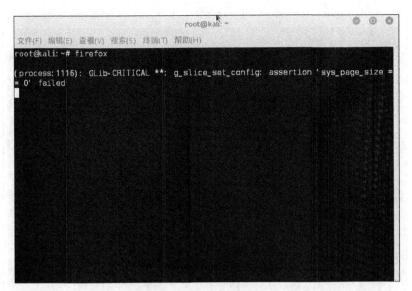

图 2-52　打开火狐浏览器

v1.6.01"界面,单击 Proxy,可见拦截的数据包,如图 2-53 所示。

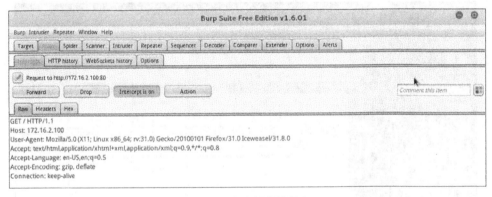

图 2-53　成功拦截数据包

　　(10) 单击 Forward 按钮,放行数据包通过,如果还出现拦截到的数据包,则再单击 Forward 按钮放行数据包。一分钟后,单击上方的 Target,可见之前放行的数据包。右击 "http：//172.16.2.100",单击"Spider this host",开始对这个网站页面进行爬取操作,如图 2-54 所示。

　　(11) 在 Confirm 界面中,单击 Yes 按钮,如图 2-55 所示。

　　(12) 在管理机打开浏览器,在地址栏中输入 Web 应用防火墙产品的 IP 地址 "https：//10.0.0.1"(以实际设备 IP 地址为准),进入 Web 应用防火墙的登录界面。输入管理员用户名 admin 和密码 admin,单击"登录"按钮,登录 Web 应用防火墙。单击面板左侧导航栏中的"日志系统"→"攻击日志",在"攻击日志"界面中,可见产生的爬虫防护日志,如图 2-56 所示。

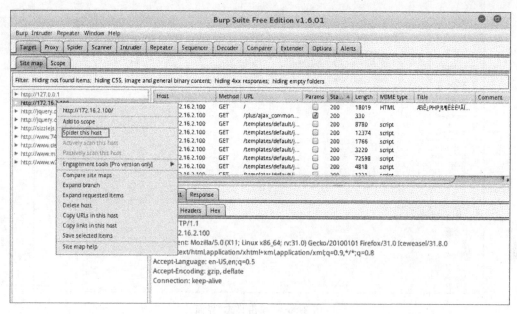

图 2-54　开始爬取

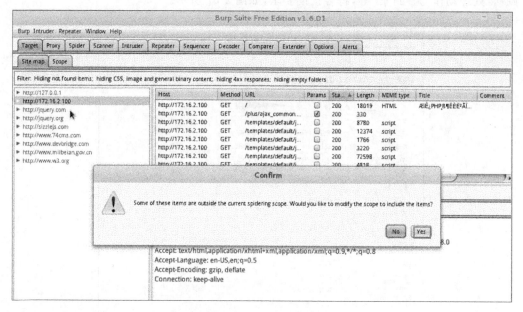

图 2-55　Confirm 界面

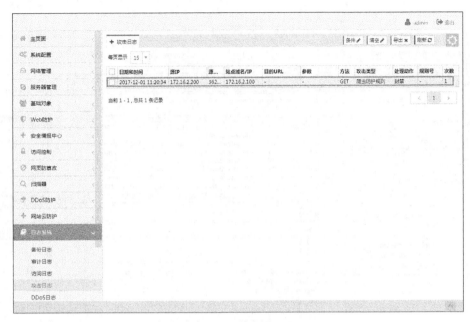

图 2-56 "攻击日志"界面

(13) 双击选中的日志,在"细节"界面中,可见详细信息:"攻击类型"为"爬虫防护规则","处理动作"为"封禁"等,符合预期要求,如图 2-57 所示。

图 2-57 "细节"界面

【实验思考】

请思考怎样封禁爬取动作 1 小时。

2.1.5　Web 应用防火墙盗链防护实验

【实验目的】

管理员通过配置 Web 应用防火墙的盗链防护规则能够有效阻止盗链请求,保护用户及公司利益,并能节省因盗用资源链接而消耗的带宽和性能。

【知识点】

盗链、盗链防护规则。

【场景描述】

A 公司工作人员在浏览网页时发现了与自己公司某项服务的网站一模一样的网站,但区别在于该网站提供的有效资源很少,于是该工作人员将这一情况反映给张经理。张经理找到公司安全运维工程师小王说明情况,小王对该网站进行分析后发现,该网站存在着盗链行为,于是小王对 Web 应用防火墙配置了防盗链防护规则,实现了 URL 级别的访问控制,对客户端的请求进行检测,阻止盗链请求。请思考应如何配置防盗链防护规则。

【实验原理】

盗链是指服务提供商自己不提供服务的内容,通过技术手段绕过其他有利益的最终用户界面(如广告),直接在自己的网站上向最终用户提供其他服务提供商的服务内容,骗取最终用户的浏览和点击率。受益者不提供资源或提供很少的资源,而真正的服务提供商却得不到任何的收益。

Web 应用防火墙通过实现 URL 级别的访问控制,对客户端请求进行检测,如果发现图片、文件等资源信息的 HTTP 请求来自于其他网站,则阻止盗链请求,节省因盗用资源链接而消耗的带宽和性能。

【实验设备】

- 安全设备:Web 应用防火墙设备 1 台。
- 主机终端:Windows Server 2003 SP2 主机 2 台,Windows 7 主机 1 台。

【实验拓扑】

实验拓扑如图 2-58 所示。

【实验思路】

(1) 创建盗链防护规则。

(2) 创建盗链防护模板。

(3) 创建盗链防护策略。

(4) 验证盗链防护效果。

图 2-58　Web 应用防火墙盗链防护实验拓扑

【实验步骤】

（1）在管理机打开浏览器，在地址栏中输入 Web 应用防火墙产品的 IP 地址 "https：//10.0.0.1"（以实际设备 IP 地址为准），进入 Web 应用防火墙的登录界面。输入管理员用户名 admin 和密码 admin，单击"登录"按钮，登录 Web 应用防火墙。

（2）登录 Web 应用防火墙设备后，会显示它的面板界面。单击面板左侧导航栏中的"网络管理"→"网络接口"，单击"网桥接口"。在"网桥接口"界面中，单击"增加＋"按钮，增加网桥接口。

（3）在"增加网桥接口"界面中，除默认网桥号 1 保留作为管理网桥外，输入一个不重复的网桥号即可，本实验中输入"网桥号"为 12，其他保持默认配置。

（4）单击"下一步"按钮，在弹出的增加网桥成功界面中单击"确定"按钮，再单击"增加＋"按钮，本实验中，接口 IP 地址输入"172.16.2.50"，子网掩码输入"255.255.0.0"，单击"保存"按钮。

（5）单击"完成"按钮，添加网桥接口。

（6）单击上方的"＋Port 接口"。在"Port 接口"界面中，双击 GE2 接口。

（7）在"编辑 Port 接口"界面中，设置"网桥接口"为 bridge12，其他保持默认配置。

（8）单击"保存"按钮，在弹出的更新成功界面中单击"确定"按钮。同样，在"Port 接口"界面中，双击 GE3 接口。在"编辑 Port 接口"界面中，设置"网桥接口"为 bridge12，其他保持默认配置。

（9）单击"保存"按钮，在弹出的更新成功界面中单击"确定"按钮。返回"Port 接口"界面，检查 GE2、GE3 的配置信息。

（10）单击面板左侧导航栏中的"服务器管理"→"普通服务器管理"，在"HTTP 服务器"界面中，单击"增加＋"按钮，增加服务器。

（11）在"编辑 HTTP 服务器"界面中，输入"服务器名称"为"测试服务器"，"IP 地址"为"172.16.2.200/16"，"端口"为 80，设置"部署模式"为"串联"，"防护模式"为"代理模式"，"接口"为 bridge12，勾选"启用"复选框。

（12）单击"保存"按钮，在弹出的操作成功界面中单击"确定"按钮，关闭"编辑 HTTP 服务器"界面，返回"HTTP 服务器"列表界面，检查已添加的 HTTP 服务器信息。

（13）单击"基础对象"→"URL 列表"，在"URL 列表"界面中，单击"增加＋"按钮，增加 URL 列表。

（14）在"增加 URL 列表"界面中，输入"名称"为"172.16.2.200"，设置"动作"为"匹配"，单击"保存"按钮，在弹出的配置成功界面中单击"确定"按钮。返回"增加 URL 列表"URL 界面，单击"增加＋"按钮，增加 URL。

（15）在"编辑 URL"界面中，填入"URL"为"172.16.2.200"，其他保持默认配置。

（16）单击"保存"按钮，在弹出的配置成功界面中单击"确定"按钮，返回"编辑 URL 列表"界面，单击"保存"按钮，在弹出的配置成功界面中单击"确定"按钮，返回"URL 列表"界面中，检查配置成功的 URL 信息。

（17）单击面板左侧导航栏中的"Web 防护"→"Web 防护规则"，选择"防盗链规则"。在"防盗链规则"界面中，单击"增加＋"按钮，添加防盗链规则。

（18）在"增加防盗链规则"界面中，"名称"输入"防盗链"，单击"保存"按钮，如图 2-59 所示。

图 2-59　"增加防盗链规则"界面

（19）在弹出的配置成功界面中单击"确定"按钮，返回"增加防盗链规则"界面，单击"增加＋"按钮，增加防盗链规则条目，如图 2-60 所示。

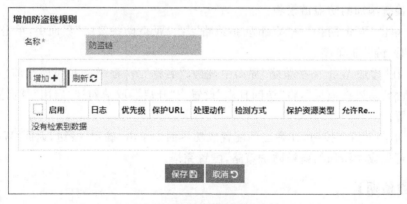

图 2-60　增加防盗链规则条目

（20）在"编辑防盗链规则条目"界面中，将"保护 URL"设置为"172.16.2.200"，将"处理动作"设置为"阻断"，将"严重级别"设置为"低级"，勾选"允许 Referer 为空"复选框，其他保持默认配置，如图 2-61 所示。

（21）单击"保存"按钮，在弹出的配置成功界面中单击"确定"按钮，返回"增加防盗链

图 2-61　"编辑防盗链规则条目"界面

规则"界面,单击"保存"按钮,在弹出的更新成功界面中单击"确定"按钮,返回"防盗链规则"界面,检查添加成功的防盗链规则。

(22) 单击"Web 防护"→"Web 防护模板",在"Web 防护模板"界面中,单击"增加＋"按钮,增加防护模板。

(23) 在"增加 Web 防护模板"界面中,输入"名称"为"防盗链模板",将"防盗链规则"设置为"防盗链",其他保持默认配置。

(24) 单击"保存"按钮,在弹出的配置成功界面中单击"确定"按钮,返回"Web 防护模板"界面,检查添加的防盗链模板。

(25) 单击"Web 防护"→"Web 防护策略",在"Web 防护策略"界面中,单击"增加＋"按钮,添加盗链防护策略。

(26) 在"增加 Web 防护策略"界面中,输入"名称"为"盗链防护策略",将"Web 防护模板"设置为"防盗链模板",将"访问日志"设置为"开启",取消勾选"启用"复选框,其他保持默认配置。

(27) 单击"保存"按钮,在弹出的配置成功界面中单击"确定"按钮,返回"Web 防护策略"界面,可见成功添加的盗链防护策略,配置完毕。

【实验预期】

(1) 未启用盗链防护策略时,用户能够访问盗链图片。

(2) 启用盗链防护策略后,用户不能访问盗链图片。

【实验结果】

1) 未启用盗链防护策略时可访问盗链图片

(1) 登录实验平台中对应实验拓扑左侧的 Eshop,登录密码为 123456,如图 2-62

所示。

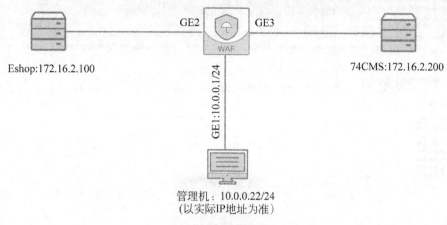

图 2-62　进入虚拟机

（2）打开火狐浏览器，进入 Eshop 首页"http：//127.0.0.1"，单击"商城动态"中的
"盗链"，如图 2-63 所示。

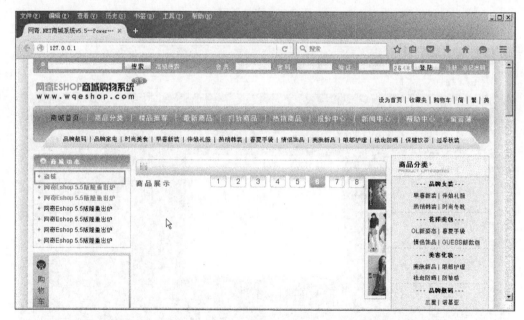

图 2-63　Eshop 首页

（3）进入"盗链"页面后，能看到清晰的图片，右击图片，选择"查看图像"命令，如图 2-64
所示。

（4）从地址栏的 URL 可知该图片为盗链图片，关闭火狐浏览器，如图 2-65 所示。

2）启用盗链防护策略后不能访问盗链图片

（1）在管理机打开浏览器，在地址栏中输入 Web 应用防火墙产品的 IP 地址"https：//10.
0.0.1"（以实际设备 IP 地址为准），进入 Web 应用防火墙的登录界面。输入管理员用户名

图 2-64　盗链页面

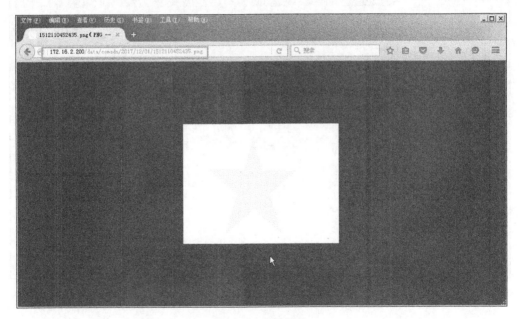

图 2-65　盗链图片

admin 和密码 admin，登录 Web 应用防火墙。单击面板左侧导航栏中的"Web 防护"→"Web 防护策略"。在"Web 防护策略"界面中，双击"盗链防护"，如图 2-66 所示。

（2）在"编辑 Web 防护策略"界面中，勾选"启用"复选框，如图 2-67 所示。

（3）单击"保存"按钮，在弹出的配置成功界面中单击"确定"按钮。登录实验平台中

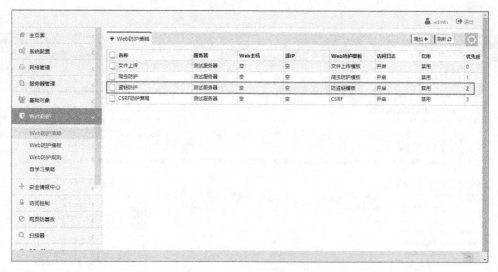

图 2-66　打开"盗链防护"

图 2-67　启用盗链防护策略

对应实验拓扑左侧的 Eshop。打开火狐浏览器，进入 Eshop 主页"http：//127.0.0.1"，单击"商城动态"中的"盗链"，如图 2-68 所示。

（4）进入"盗链"页面后，盗链图片不能显示，右击图片，选择"查看图像"命令，如图 2-69 所示。

（5）出现"404 Not Found 页面"，盗链图片已被 Web 应用防火墙拦截，如图 2-70 所示。

（6）在管理机打开浏览器，在地址栏中输入 Web 应用防火墙产品的 IP 地址 https://10.0.0.1(以实际设备 IP 地址为准)，进入 Web 应用防火墙的登录界面。输入管理员用户名 admin 和密码 admin，登录 Web 应用防火墙。单击面板左侧导航栏中的"日志系统"→"攻击日志"。在"攻击日志"界面中，可见阻断的盗链行为，符合预期要求，如图 2-71 所示。

图 2-68　Eshop 首页

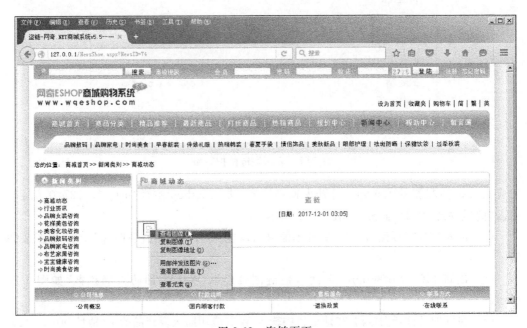

图 2-69　盗链页面

图 2-70 访问危险网站

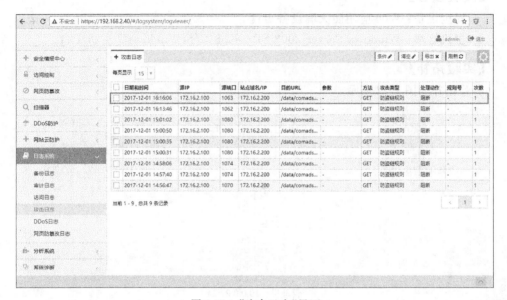

图 2-71 "攻击日志"界面

【实验思考】

开启盗链防护策略后,如果直接访问盗链图片的链接是否会被 Web 应用防火墙拦截？为什么？

2.1.6 Web 应用防火墙 CSRF 防护实验

【实验目的】

管理员可以通过配置 Web 应用防火墙的跨站请求伪造防护规则,有效地抵御 CSRF 攻击。

【知识点】

CSRF、CSRF 防护规则。

【场景描述】

A 公司安全检测人员测试并证明公司网站存在 CSRF(Cross-site request forgery,跨站请求伪造)漏洞。为了不泄露公司的机密,张经理要求小王尽快利用 Web 应用防火墙设备来抵御这种漏洞。请思考应如何配置 Web 防护策略才能有效地抵御 CSRF 攻击。

【实验原理】

CSRF(Cross-site request forgery,跨站请求伪造)也被称为 one click attack 或者 session riding,通常缩写为 CSRF 或者 XSRF,是一种对网站的恶意利用。尽管听起来像跨站脚本(XSS),但它与 XSS 非常不同,并且攻击方式几乎相左。XSS 利用站点内的信任用户,而 CSRF 则通过伪装来自受信任用户的请求来利用受信任的网站。

【实验设备】

- 安全设备:Web 应用防火墙设备 1 台。
- 主机终端:Windows Server 2003 SP2 主机 2 台,Windows 7 主机 1 台。

【实验拓扑】

实验拓扑如图 2-72 所示。

图 2-72　Web 应用防火墙 CSRF 防护实验拓扑

【实验思路】

(1) 新建 CSRF 防护规则。

(2) 新建 CSRF 防护模板,引用 CSRF 防护规则。

(3) 新建 CSRF 防护策略,引用 CSRF 防护模板。

(4) 验证 CSRF 防护效果。

【实验步骤】

(1) 在管理机打开浏览器,在地址栏中输入 Web 应用防火墙产品的 IP 地址 "https://10.0.0.1"(以实际设备 IP 地址为准),进入 Web 应用防火墙的登录界面。输入管理员用户名 admin 和密码 admin,单击"登录"按钮,登录 Web 应用防火墙。

(2) 登录 Web 应用防火墙设备后,会显示它的面板界面。单击面板左侧导航栏中的"网络管理"→"网络接口",单击"网桥接口"。在"网桥接口"界面中,单击"增加＋"按钮,增加网桥接口。

(3) 在"增加网桥接口"界面中,除默认网桥号 1 保留作为管理网桥外,输入一个不重复的网桥号即可,本实验中输入"网桥号"为 12,其他保持默认配置。

（4）单击"下一步"按钮，在弹出的增加网桥成功界面中单击"确定"按钮，再单击"增加＋"按钮，本实验中，接口 IP 地址输入"172.16.2.50"，子网掩码输入"255.255.0.0"，单击"保存"按钮。

（5）单击"完成"按钮，添加网桥接口。

（6）单击上方的"＋Port 接口"。在"Port 接口"界面中，双击 GE2 接口。

（7）在"编辑 Port 接口"界面中，设置"网桥接口"为 bridge12，其他保持默认配置。

（8）单击"保存"按钮，在弹出的更新成功界面中单击"确定"按钮。同样，在"Port 接口"界面中，双击 GE3 接口。在"编辑 Port 接口"界面中，设置"网桥接口"为 bridge12，其他保持默认配置。

（9）单击"保存"按钮，在弹出的更新成功界面中单击"确定"按钮。返回"Port 接口"界面中，检查 GE2、GE3 的配置信息。

（10）单击面板左侧导航栏中的"服务器管理"→"普通服务器管理"，在"HTTP 服务器"界面中，单击"增加＋"按钮，增加服务器。

（11）在"编辑 HTTP 服务器"界面中，输入"服务器名称"为"测试服务器"，"IP 地址"为"172.16.2.200/16"，"端口"为 80，设置"部署模式"为"串联"，"防护模式"为"代理模式"，"接口"为 bridge12，勾选"启用"复选框。

（12）单击"保存"按钮，在弹出的操作成功界面中单击"确定"按钮，关闭"编辑 HTTP 服务器"界面，返回"HTTP 服务器"列表界面，可见已添加的 HTTP 服务器信息。

（13）单击"基础对象"→"URL 列表"，在"URL 列表"界面中，单击"增加＋"按钮，增加 URL 列表。

（14）在"增加 URL 列表"界面中，输入"名称"为"url-CSRF"，设置"动作"为"匹配"，单击"保存"按钮，在弹出的配置成功界面单击"确定"按钮。返回"增加 URL 列表"URL 界面中单击"增加＋"按钮，增加 URL。

（15）在"编辑 URL"界面中，输入 URL 为"/vulnerabilities/csrf"，其他保持默认配置。

（16）单击"保存"按钮，在弹出的配置成功界面中单击"确定"按钮，返回"编辑 URL 列表"界面，单击"保存"按钮，在弹出的配置成功界面中单击"确定"按钮，返回"URL 列表"界面中，检查配置成功的 URL 信息。

（17）单击面板左侧导航栏中的"Web 防护"→"Web 防护规则"，选择"防跨站请求伪造规则"。在"防跨站请求伪造规则"界面中，单击"增加＋"按钮，添加 CSRF 防护规则。

（18）在"增加防跨站请求伪造规则"界面中，在"名称"中输入 CSRF，单击"保存"按钮，如图 2-73 所示。

图 2-73　"增加防跨站请求伪造规则"界面

（19）在弹出的配置成功界面中单击"确定"按钮，返回"增加防跨站请求伪造规则"界面，单击"增加＋"按钮，增加防跨站请求伪造规则条目，如图 2-74 所示。

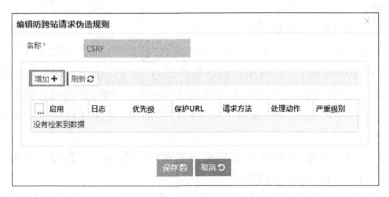

图 2-74　增加防跨站请求伪造规则条目

（20）在"增加防跨站请求伪造规则条目"界面中，"保护 URL"和"Referer URL"都设置为"url-CSRF"，"处理动作"设置为"阻断"，"请求方法"同时勾选 GET 和 POST 复选框，勾选"允许 Referer 为空"复选框，其他保持默认配置，如图 2-75 所示。

图 2-75　"增加防跨站请求伪造规则条目"界面

（21）单击"保存"按钮，在弹出的配置成功界面中单击"确定"按钮，返回"增加防跨站请求伪造规则"界面，单击"保存"按钮，在弹出的更新成功界面中单击"确定"按钮，返回"防跨站请求伪造规则"界面，可见添加成功的防跨站请求伪造规则。

（22）单击"Web 防护"→"Web 防护模板"，在"Web 防护模板"界面中，单击"增加＋"

按钮,增加防护模板。

(23) 在"增加 Web 防护模板"界面中,输入"名称"为 CSRF,"防跨站请求伪造规则"设置为"CSRF",其他保持默认配置。

(24) 单击"保存"按钮,在弹出的配置成功界面中单击"确定"按钮,返回"Web 防护模板"界面中,检查成功添加的 CSRF 防护模板。

(25) 单击"Web 防护"→"Web 防护策略",在"Web 防护策略"界面中,单击"增加＋"按钮,添加 CSRF 防护策略。

(26) 在"增加 Web 防护策略"界面中,输入"名称"为"CSRF 防护策略",将"Web 防护模板"设置为"CSRF",将"访问日志"设置为"开启",取消勾选"启用"复选框,其他保持默认配置。

(27) 单击"保存"按钮,在弹出的配置成功界面中单击"确定"按钮,返回"Web 防护策略"界面中,可见成功添加的 CSRF 防护策略,配置完毕。

【实验预期】

(1) 未启用 CSRF 防护策略时,用户访问危险网站导致登录密码被修改。

(2) 启用 CSRF 防护策略后,用户访问危险网站,CSRF 攻击被拦截。

【实验结果】

1) 未启用 CSRF 防护策略时受到 CSRF 攻击

(1) 登录实验平台中对应实验拓扑左侧的 74CMS,如图 2-76 所示。

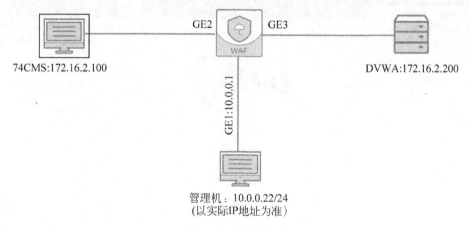

图 2-76　进入虚拟机

(2) 打开火狐浏览器,在地址栏输入"http：//172.16.2.200/login.php",按 Enter 键进入 DVWA 登录界面,如图 2-77 所示。

(3) 本实验中,DVWA 的默认用户名为 admin,密码为 password。在 Username 中输入 admin,Password 中输入 password,然后单击 Login,如图 2-78 所示。

(4) 进入 DVWA 平台后,单击界面左侧导航栏的"DVWA Security",修改 DVWA 平台的安全级别,在"Security Level"中选择 Low,单击 Submit 按钮,如图 2-79 所示。

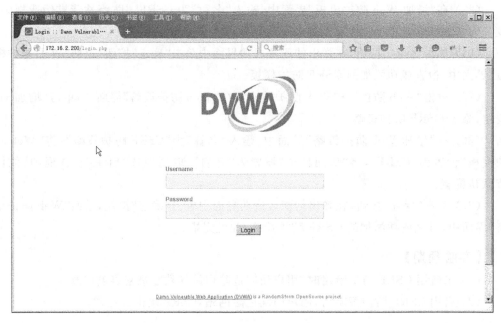

图 2-77　DVWA 登录界面

图 2-78　登录 DVWA

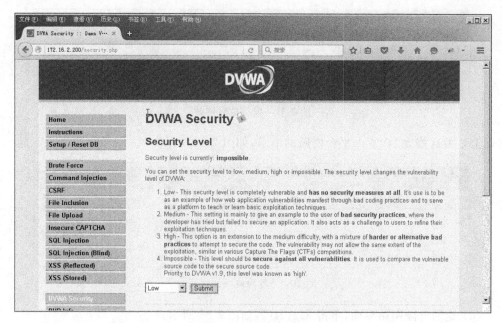

图 2-79　修改安全级别

(5) 再单击界面左侧导航栏的 CSRF，会出现修改登录 DVWA 平台密码的界面，如图 2-80 所示。

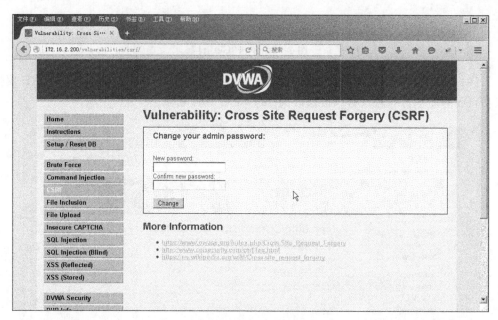

图 2-80　修改密码界面

(6) 不要关闭上述页面，单击任务栏的"＋"打开一个新标签页，在地址栏中输入 "http：//127.0.0.1/fun.html"，该页面是模拟用户访问的危险网站，如图 2-81 所示。

(7) 右击主页面，选择"查看页面源代码"查看危险网站的源代码，"Get it!"的超链接

图 2-81　模拟危险网站

实际上是发送修改 DVWA 平台密码的请求,如图 2-82 所示。

图 2-82　危险网站源代码

（8）返回危险网站界面,单击"Get it!",如图 2-83 所示。

图 2-83　单击"Get it!"

（9）页面跳转至 DVWA 修改密码界面,并且显示"Password Changed",CSRF 攻击成功,DVWA 平台的登录密码被修改为 123,如图 2-84 所示。

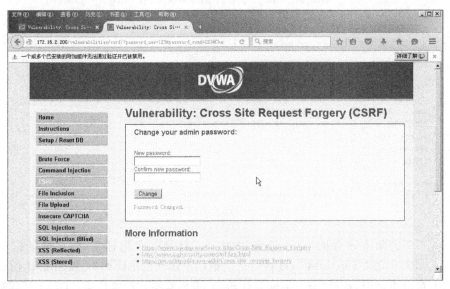

图 2-84　CSRF 攻击成功

（10）在地址栏输入"http：//172.16.2.200/login.php"，返回 DVWA 平台登录界面，Username 输入 admin，Password 输入 123，单击 Login，成功登录 DVWA 平台，如图 2-85 所示。

图 2-85　成功登入 DVWA

（11）返回第一个便签页，在"New Password"中输入 password，"Confirm new Password"输入 password，单击 Change，把密码重新修改回 password，关闭火狐浏览器，如图 2-86 所示。

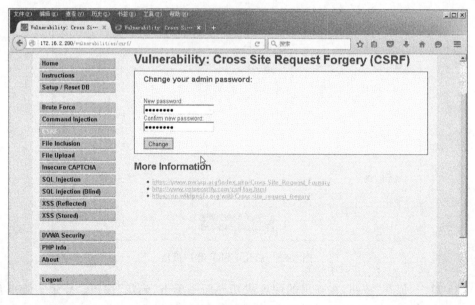

图 2-86　复原登录密码

2）启用 CSRF 防护策略后 CSRF 攻击被拦截

（1）在管理机打开浏览器，在地址栏中输入防火墙产品的 IP 地址"https://10.0.0.1"（以实际设备 IP 地址为准），进入防火墙的登录界面。输入管理员用户名 admin 和密码 admin 登录防火墙。单击面板左侧导航栏中的"Web 防护"→"Web 防护策略"。在"Web 防护策略"界面中，双击"CSRF 防护策略"，如图 2-87 所示。

图 2-87　打开"CSRF 防护策略"

（2）在"编辑 Web 防护策略"界面中，勾选"启用"复选框，如图 2-88 所示。

图 2-88　启用 CSRF 防护策略

（3）单击"保存"按钮，在弹出的配置成功界面中单击"确定"按钮。登录实验平台中对应实验拓扑左侧的 74CMS。打开火狐浏览器，在地址栏输入"http://172.16.2.200/

login. php"，按 Enter 键进入 DVWA 登录界面。Username 输入 admin，Password 输入 password，单击 Login 登录 DVWA 平台。

（4）进入 DVWA 平台后，单击界面左侧导航栏的"DVWA Security"，修改 DVWA 平台的安全级别，在"Security Level"中选择 Low，单击 Submit 按钮。

（5）不要关闭上述页面，单击任务栏的"＋"打开一个新标签页，在地址栏中输入 "http：//127.0.0.1/fun.html"，访问危险网站，单击"Get it!"，如图 2-89 所示。

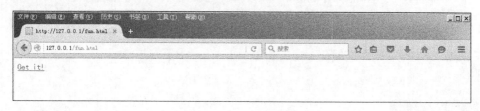

图 2-89　访问危险网站

（6）出现"404 Not Found"页面，说明 CSRF 攻击已经被 Web 应用防火墙拦截，如图 2-90 所示。

图 2-90　拦截页面

（7）在管理机本地机打开浏览器，在地址栏中输入防火墙产品的 IP 地址"https：// 10.0.0.1"（以实际设备 IP 地址为准），进入防火墙的登录界面。输入管理员用户名 admin 和密码 admin 登录防火墙。单击面板左侧导航栏中的"日志系统"→"攻击日志"。 在"攻击日志"界面中，可见阻断的 CSRF 攻击要求，符合预期要求，如图 2-91 所示。

【实验思考】

为什么只有同时打开 DVWA 平台及危险网站页面 CSRF 攻击才能生效？

2.1.7　Web 应用防火墙特征防护实验

【实验目的】

管理员通过配置特征防护规则，使 Web 应用防火墙可以防护在预定义特征库中的攻击行为，同时也可以防护自定义特征库中的攻击行为。

【知识点】

特征防护、特征库。

【场景描述】

A 公司发布了一个 Web 服务，为了保障 Web 服务器的安全，公司领导要求安全运维

图 2-91　"攻击日志"界面

工程师小王通过配置 Web 应用防火墙实现对服务器的 SQL 注入攻击防护,请思考小王应如何操作。

【实验原理】

Web 应用防火墙的特征防护规则分为两种:一种为预定义特征库防护规则,另外一种为自定义特征库防护规则。

预定义特征库是系统默认的规则库,Web 应用防火墙会定期发布最新的特征库,用户可以通过厂商的网站获取最新的特征库。

自定义特征库是用户发现某些特征通过预定义特征库没有防护成功,用户可以将该攻击行为特征添加至自定义特征库中,并通过 Web 防护策略引用达到防护效果。

【实验设备】

- 安全设备:Web 应用防火墙设备 1 台。
- 主机终端:Windows Server 2003 SP2 主机 1 台,Windows 7 主机 2 台。

【实验拓扑】

实验拓扑如图 2-92 所示。

【实验思路】

(1) 设置特征防护规则。

(2) 增加 Web 特征防护模板,引用特征防护规则。

(3) 增加 Web 特征防护策略,引用 Web 特征防护模板。

(4) Web 防火墙识别 SQL 注入攻击并产生攻击日志。

PC:172.16.2.200

GE2　　GE3

WAF

Web服务器:172.16.2.100

GE1:10.0.01./24

管理机：10.0.0.22/24

图 2-92　Web 应用防火墙特征防护实验拓扑

【实验步骤】

（1）在管理机打开浏览器，在地址栏中输入 Web 应用防火墙产品的 IP 地址"https：//10.0.0.1"（以实际设备 IP 地址为准），进入 Web 应用防火墙的登录界面。输入管理员用户名 admin 和密码 admin，单击"登录"按钮，登录 Web 应用防火墙。

（2）登录 Web 应用防火墙设备后，会显示它的面板界面。单击面板左侧导航栏中的"网络管理"→"网络接口"，单击"网桥接口"。在"网桥接口"界面中，单击"增加＋"按钮，增加网桥接口。

（3）在"增加网桥接口"界面中，除默认网桥号 1 保留作为管理网桥外，输入一个不重复的网桥号即可，本实验中输入"网桥号"为 12，其他保持默认配置。

（4）单击"下一步"按钮，在弹出的增加网桥成功界面中单击"确定"按钮，再单击"完成"按钮，添加网桥接口。

（5）单击上方的"＋Port 接口"。在"Port 接口"界面中，双击 GE2 接口。

（6）在"编辑 Port 接口"界面中，设置"网桥接口"为 bridge12，其他保持默认配置。

（7）单击"保存"按钮，在弹出的更新成功界面中单击"确定"按钮。同样，在"Port 接口"界面中，双击 GE3 接口。在"编辑 Port 接口"界面中，设置"网桥接口"为 bridge12，其他保持默认配置。

（8）单击"保存"按钮，在弹出的更新成功界面中单击"确定"按钮。返回"Port 接口"界面中，可见 GE2、GE3 的配置信息。

（9）单击面板左侧导航栏中的"服务器管理"→"普通服务器管理"，在"HTTP 服务器"界面中，单击"增加＋"按钮，增加服务器。

（10）在"编辑 HTTP 服务器"界面中，输入"服务器名称"为"测试服务器"，"IP 地址"为"172.16.2.100/24"，"端口"为 80，设置"部署模式"为"串联"，"防护模式"为"代理模式"，"接口"为 bridge12，勾选"启用"复选框。

（11）单击"保存"按钮，在弹出的操作成功界面中单击"确定"按钮，关闭"编辑 HTTP 服务器"界面，返回"HTTP 服务器"列表界面，检查已添加的 HTTP 服务器信息。

（12）单击面板左侧导航栏中的"Web 防护"→"Web 防护规则"→"特征防护规则"，

在"特征库描述"→"SQL 注入"界面中,列出 Web 应用防火墙中预设的 SQL 注入特征规则,如图 2-93 所示。

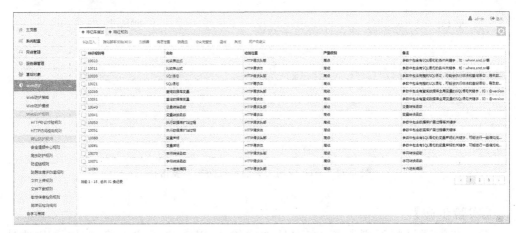

图 2-93　SQL 注入规则界面

(13) 单击界面上方的"特征规则",在"特征规则"界面中,双击"Default Monitor",如图 2-94 所示。

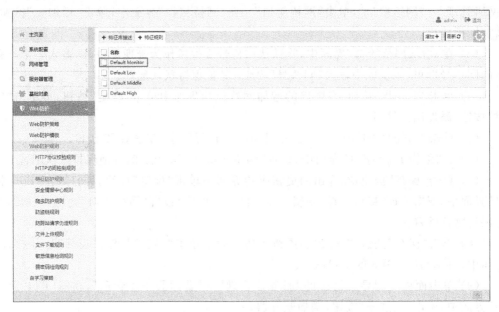

图 2-94　打开"Default Monitor"

(14) 在"编辑特征规则"界面中,默认已勾选"SQL 注入"右侧的"日志"复选框,说明当防火墙检测到 SQL 注入时会产生日志信息。其他保持默认配置不变,如图 2-95 所示。

(15) 单击"保存"按钮,在弹出的配置成功界面中单击"确定"按钮,关闭"编辑特征规则"界面。单击"Web 防护"→"Web 防护模板",在"Web 防护模板"界面中单击"增加＋"

图 2-95　编辑特征规则

按钮,增加防护模板。

(16) 在"增加 Web 防护模板"界面中,输入"名称"为"特征防护模板",设置"特征防护规则"为"Default Monitor",其他保持默认配置不变。

(17) 单击"保存"按钮,在弹出的配置成功界面中单击"确定"按钮,关闭"增加 Web 防护模板"界面,完成添加防护模板。

(18) 单击"Web 防护"→"Web 防护策略",在"Web 防护策略"界面中单击"增加＋"按钮,增加防护策略。

(19) 在"增加 Web 防护策略"界面中,输入"名称"为"特征防护策略",设置"服务器"为"测试服务器","Web 防护模板"为"特征防护模板","访问日志"为"开启",勾选"启用"复选框,其他保持默认配置。

(20) 单击"保存"按钮,在弹出的配置成功界面中单击"确定"按钮,关闭"增加 Web 防护策略"界面,返回"Web 防护策略"界面,检查已添加的防护策略。

【实验预期】

(1) PC 能正常访问 Web 服务器网站页面。

(2) Web 应用防火墙对 SQL 注入进行识别并记录进"攻击日志"。

【实验结果】

1) PC 能正常访问 Web 服务器网站页面

(1) 进入实验平台对应的实验拓扑,登录左侧的 PC 虚拟机,如需登录密码,输入 123456,如图 2-96 所示。

(2) 在虚拟机中,单击打开终端,如图 2-97 所示。

(3) 在终端中,输入命令 firefox 并按 Enter 键,打开火狐浏览器,如图 2-98 所示。

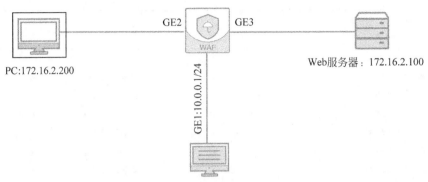

PC:172.16.2.200

GE2 GE3

GE1:10.0.0.1/24

Web服务器：172.16.2.100

管理机：10.0.0.22/24

图 2-96　打开实验虚拟机

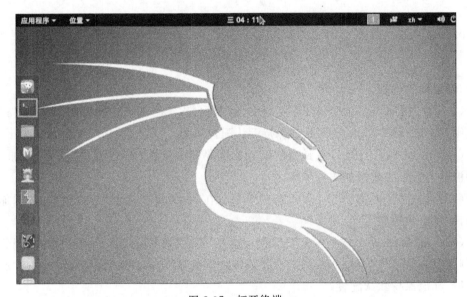

图 2-97　打开终端

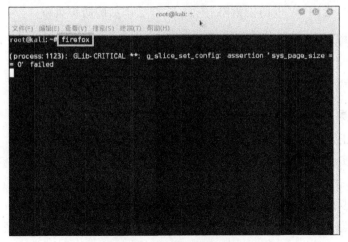

图 2-98　打开火狐浏览器

（4）在浏览器地址栏中输入 Web 服务器的 IP 地址"172.16.2.100"，并按 Enter 键，进入 Web 服务器网站首页，单击首页中方框所标商品，如图 2-99 所示。

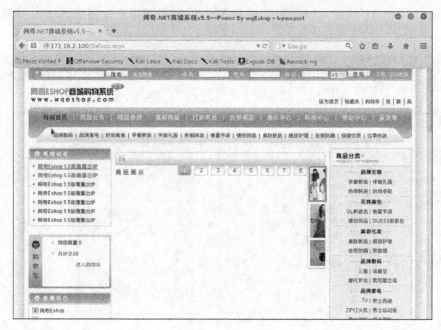

图 2-99　打开商品

（5）网页链接跳转到"172.16.2.100/Show.aspx?PID＝32"，猜测此处可能存在 SQL 注入点，如图 2-100 所示。

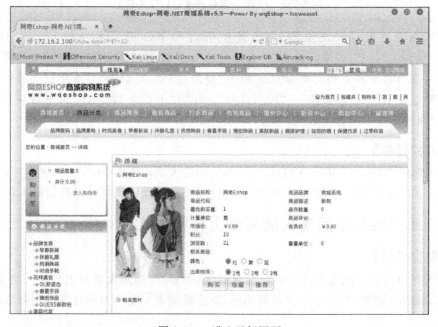

图 2-100　进入目标网页

2) 对 Web 服务器网站进行 SQL 注入攻击,产生攻击日志

(1) 在虚拟机中,关闭火狐浏览器返回终端,输入命令"sqlmap -u 172.16.2.100/Show.aspx?PID=32"并按 Enter 键,尝试对 Web 服务器网站进行盲注入攻击,如图 2-101所示。

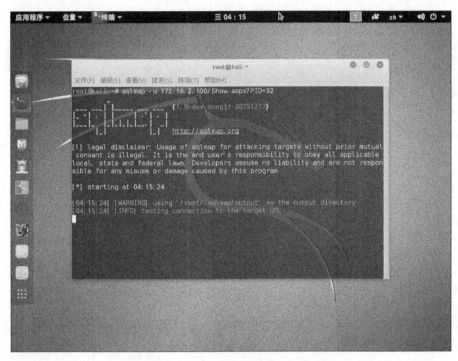

图 2-101　对 Web 服务器进行盲注入攻击

(2) 在管理机打开浏览器,在地址栏中输入 Web 应用防火墙产品的 IP 地址"https：//10.0.0.1"(以实际设备 IP 地址为准),进入 Web 应用防火墙的登录界面。输入管理员用户名 admin 和密码 admin,单击"登录"按钮,登录 Web 应用防火墙。单击面板左侧导航栏中的"日志系统"→"攻击日志"。在"攻击日志"界面中,可见盲注入攻击的日志,说明特征防护配置生效,如图 2-102 所示。

【实验思考】

(1) 如何设置 Web 防护规则可使 Web 应用防火墙能阻断 SQL 注入攻击?

(2) 如何设置 Web 防护规则可使 Web 应用防火墙能识别并记录跨站脚本攻击?

2.1.8　Web 应用防火墙文件上传检测实验

【实验目的】

管理员可以通过配置文件上传检测规则,使 Web 应用防火墙对上传文件类型、文件扩展名、MIME 类型和 Shell 类型进行检测,防止攻击者上传恶意软件获取网站后门。

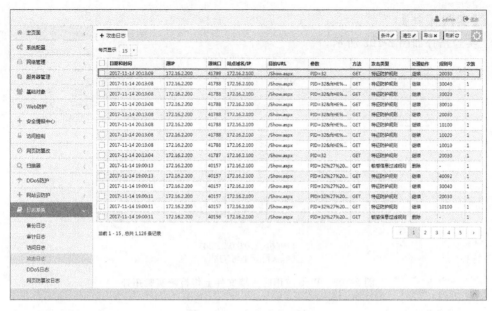

图 2-102　产生攻击日志

【知识点】

文件上传规则、防护策略、防护模板。

【场景描述】

A 公司使用 Web 应用防火墙设备为 FTP 服务器提供网络安全防护,文件的上传和下载都需要经过防火墙的监测。近日,安全运维工程师小王发现 FTP 服务器上存有攻击者上传的一句话木马脚本文件,通过它,攻击者完全可以进入公司内部网络并做一些破坏性工作。小王急需配置一个安全有效的 Web 防护策略抵御攻击者上传恶意文件这一行为,请思考小王应如何操作。

【实验原理】

文件上传攻击是指攻击者利用 Web 应用对上传文件过滤不严,导致可以上传应用程序定义类型范围之外的文件到 Web 服务器。比如可以上传一个网页木马,如果存放上传文件的目录刚好有执行脚本的权限,那么攻击者就可以直接得到一个 WebShell。管理员可在"Web 防护"→"文件上传规则"中新增并配置文件上传规则,并在"Web 防护"→"Web 防护模板"中新增模板并引用文件上传规则,之后在"Web 防护"→"Web 防护策略"中添加 Web 防护策略和新增的防护模板让文件上传规则生效,使得 Web 应用防火墙根据文件上传规则抵御攻击。

【实验设备】

- 安全设备:Web 应用防火墙设备 1 台。
- 主机终端:Windows 7 主机 1 台,Windows Server 2003 SP2 主机 1 台,Windows XP SP3 主机 1 台。

【实验拓扑】

实验拓扑如图 2-103 所示。

图 2-103 　Web 应用防火墙文件上传检测实验拓扑

【实验思路】

(1) 新建文件上传防护规则。

(2) 新建文件上传防护模板,引用文件上传防护规则。

(3) 新建文件上传防护策略,引用文件上传防护模板。

【实验步骤】

(1) 在管理机打开浏览器,在地址栏中输入 Web 应用防火墙产品的 IP 地址 "https：//10.0.0.1"(以实际设备 IP 地址为准),进入 Web 应用防火墙的登录界面。输入管理员用户名 admin 和密码 admin,单击"登录"按钮,登录 Web 应用防火墙。

(2) 登录 Web 应用防火墙设备后,会显示它的面板界面。单击面板左侧导航栏中的"网络管理"→"网络接口",单击"网桥接口"。在"网桥接口"界面中,单击"增加＋"按钮,增加网桥接口。

(3) 在"增加网桥接口"界面中,除默认网桥号 1 保留作为管理网桥外,输入一个不重复的网桥号即可,本实验中输入"网桥号"为 12,其他保存默认配置。

(4) 单击"下一步"按钮,在弹出的增加网桥成功界面中单击"确定"按钮,再单击"完成"按钮,添加网桥接口。

(5) 单击上方的"＋Port 接口"。在"Port 接口"界面中,双击 GE2 接口。

(6) 在"编辑 Port 接口"界面中,设置"网桥接口"为 bridge12,其他保持默认配置。

(7) 单击"保存"按钮,在弹出的更新成功界面中单击"确定"按钮。同样,在"Port 接口"界面中,双击 GE3 接口。在"编辑 Port 接口"界面中,设置"网桥接口"为 bridge12,其他保持默认配置。

(8) 单击"保存"按钮,在弹出的更新成功界面中单击"确定"按钮。返回"Port 接口"界面中,检查 GE2、GE3 的配置信息。

（9）单击面板左侧导航栏中的"服务器管理"→"普通服务器管理"，在"HTTP 服务器"界面中，单击"增加＋"按钮，增加服务器。

（10）在"编辑 HTTP 服务器"界面中，输入"服务器名称"为"测试服务器"，"IP 地址"为"172.16.2.100/24"，"端口"为 80，设置"部署模式"为"串联"，"防护模式"为"代理模式"，"接口"为 bridge12，勾选"启用"复选框。

（11）单击"保存"按钮，在弹出的操作成功界面中单击"确定"按钮，关闭"编辑 HTTP服务器"界面，返回"HTTP 服务器"列表界面，检查已添加的 HTTP 服务器信息。

（12）单击面板左侧导航栏中的"Web 防护"→"Web 防护规则"，选择"文件上传规则"。在"文件上传规则"界面中，单击"增加＋"按钮，增加文件上传规则，如图 2-104所示。

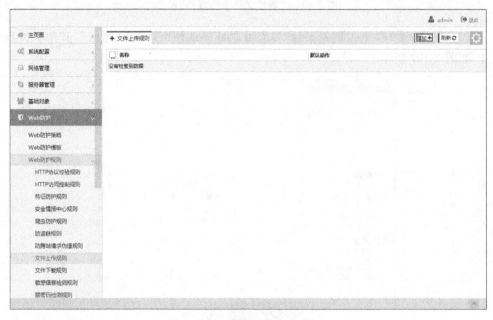

图 2-104　"文件上传规则"界面

（13）在"新增文件上传规则"界面中，在"名称"中输入"文件上传规则"，"默认动作"设置为"通过"，如图 2-105 所示。

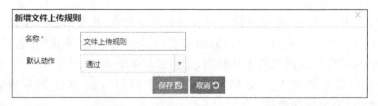

图 2-105　"新增文件上传规则"界面

（14）单击"保存"按钮，在弹出的操作成功界面中单击"确定"按钮，返回"新增文件上传规则"界面，单击"增加＋"按钮，如图 2-106 所示。

图 2-106　"新增文件上传规则"界面

　　(15) 在"新增文件上传规则条目"界面中，"处理动作"设置为"阻断"，其他保持默认配置，如图 2-107 所示。

图 2-107　设置文件上传规则条目

　　(16) 单击"文件类型"，勾选"启用文件类型检查"复选框，选择 php 到"检查文件类型"框中，如图 2-108 所示。

　　(17) 单击"保存"按钮，在弹出的操作成功界面中单击"确定"按钮，返回"新增文件上传规则"界面，单击"保存"按钮，在弹出的操作成功界面中单击"确定"按钮，返回"文件上传规则"界面中，可见添加的文件上传规则，如图 2-109 所示。

　　(18) 单击面板左侧的"Web 防护"→"Web 防护模板"，在"Web 防护模板"界面中单击"增加＋"按钮，增加防护模板。

　　(19) 在"增加 Web 防护模板"界面中，输入"名称"为"文件上传防护模板"，将"文件上传规则"设置为"文件上传规则"，其他保持默认配置。

　　(20) 单击"保存"按钮，在弹出的操作成功界面中单击"确定"按钮，返回"Web 防护模板"界面，可见增加的防护模板。

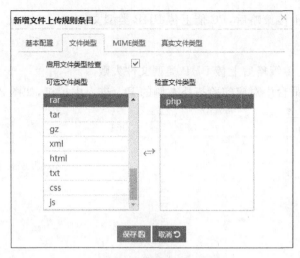

图 2-108　设置文件类型

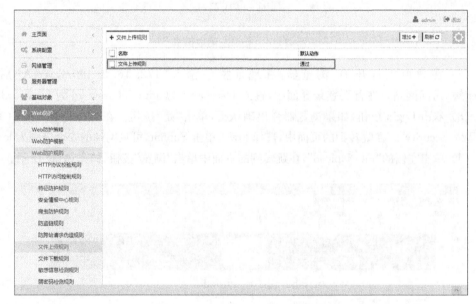

图 2-109　成功添加文件上传规则

（21）单击面板左侧导航栏中的"Web 防护"→"Web 防护策略"，在"Web 防护策略"界面中，单击"增加＋"按钮。

（22）在"增加 Web 防护策略"界面中，输入"名称"为"文件上传防护策略"，"Web 防护模板"设置为"文件上传防护模板"，"访问日志"设置为"开启"，其他保持默认配置。

（23）单击"保存"按钮，在弹出的配置成功界面中单击"确定"按钮，返回"Web 防护策略"界面中，检查增加的防护策略，配置完毕。

【实验预期】

（1）添加文件上传策略后，PC 不能在 Web 网站中上传 PHP 类型文件。

（2）撤销文件上传策略后,PC 能上传 PHP 类型文件。

【实验结果】

1）添加文件上传策略后上传 PHP 类型文件失败

（1）登录实验平台中对应实验拓扑左侧的 PC,进入虚拟机,如图 2-110 所示。

图 2-110　登录左侧虚拟机

（2）在虚拟机打开 IE 浏览器,在地址栏中输入"172.16.2.100/DVWA"后按 Enter 键,访问网站。在首页登录界面中,输入 Username 为 admin,Password 为 password。

（3）双击 Login 按钮,如果浏览器弹出确认框,单击"是"按钮。在跳转到的页面中单击 "DVWA Security"。在跳转到的页面中,选择 low。单击 Submit,可见网站的安全级别为 low。

（4）单击左侧的"File Upload",在跳转到的页面中单击"浏览"按钮,如图 2-111 所示。

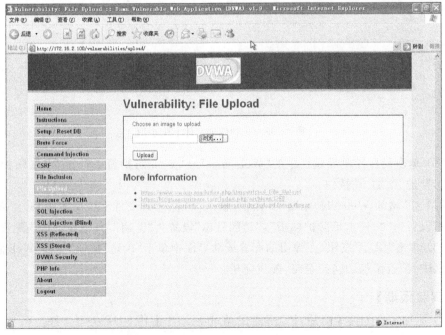

图 2-111　选择文件

（5）在弹出的"选择文件"界面中，单击 test. php，单击"打开"按钮，如图 2-112 所示。

图 2-112　选择文件

（6）返回页面，单击 Upload 按钮，如图 2-113 所示。

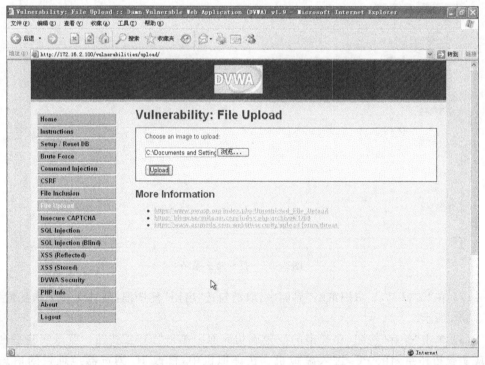

图 2-113　上传文件

（7）页面显示失败信息，说明文件上传失败，符合预期要求，如图 2-114 所示。

图 2-114　上传文件失败

2）撤销策略后,成功上传文件

（1）在管理机打开浏览器,在地址栏中输入 Web 应用防火墙产品的 IP 地址 "https：//10.0.0.1"（以实际设备 IP 地址为准）,进入 Web 应用防火墙的登录界面。输入管理员用户名 admin 和密码 admin,单击"登录"按钮,登录 Web 应用防火墙。单击面板左侧导航栏中的"Web 防护"→"Web 防护策略"。在"Web 防护策略"界面中双击"文件上传防护策略",如图 2-115 所示。

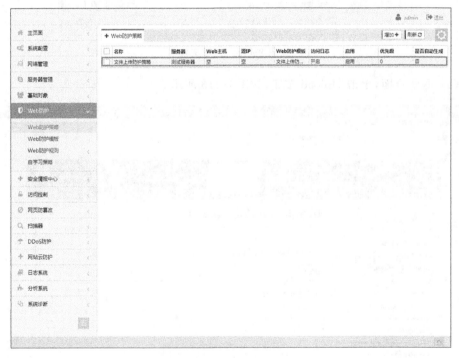

图 2-115　打开防护策略

（2）在"编辑 Web 防护策略"界面中,取消勾选"启用"复选框,其他保持默认配置,如图 2-116 所示。

（3）单击"保存"按钮,在弹出的配置成功界面中单击"确定"按钮。登录实验平台中对应实验拓扑左侧的 PC,进入虚拟机。在虚拟机中,修改 IE 浏览器地址栏的信息为 "172.16.2.100"后,按 Enter 键,在跳转到的界面中单击 File Upload,单击"浏览"按钮,在弹出的"选择文件"界面中选中 test.php,单击"打开"按钮。返回页面,单击 Upload,可

图 2-116 "编辑 Web 防护策略"界面

见成功上传文件,符合预期要求,如图 2-117 所示。

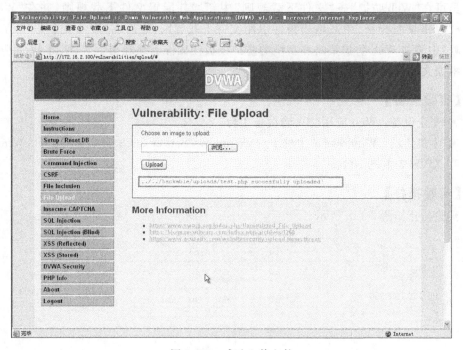

图 2-117 成功上传文件

【实验思考】

如何设置可以阻止上传 ASP 类型文件?

2.1.9 Web 应用防火墙文件下载检测实验

【实验目的】

管理员可以通过配置文件下载检测规则使 Web 应用防火墙对下载文件长度、文件扩展名和 MIME 类型进行检测,防止信息泄露以及病毒入侵。

【知识点】

文件下载、防护策略、防护模板。

【场景描述】

A 公司使用 Web 应用防火墙设备为 FTP 服务器提供网络安全防护,文件的上传和下载都需要经过防火墙的监测。近日,安全运维工程师小王接到领导要求,不允许员工通过 FTP 服务器下载 PHP 格式的文件,以免一些恶意文件被员工下载,也防止一些恶意攻击者对公司内网的关键文件进行下载。请思考小王应该如何配置 Web 应用防火墙。

【实验原理】

由于业务需求,网站可能提供文件查看或下载功能。如果对用户查看或下载的文件不作限制,则恶意用户能够查看或下载任意文件,可以是源代码文件、敏感文件等。攻击者可构造恶意请求下载服务器上的敏感文件,进而植入网站后门控制网站服务器主机。管理员可在"Web 防护"→"文件下载规则"中新增并配置文件下载规则,并在"Web 防护"→"Web 防护模板"中新增模板并引用文件下载规则,之后在"Web 防护"→"Web 防护策略"中添加 Web 防护策略和新增的防护模板让文件下载规则生效,使得 Web 应用防火墙根据文件下载规则保护网站。

【实验设备】

- 安全设备:Web 应用防火墙设备 1 台。
- 主机终端:Windows 7 主机 1 台,Windows Server 2003 SP2 主机 1 台,Windows XP SP3 主机 1 台。

【实验拓扑】

实验拓扑如图 2-118 所示。

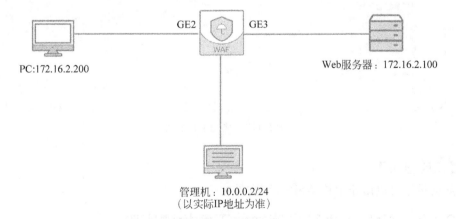

图 2-118　Web 应用防火墙文件下载检测实验拓扑

【实验思路】

(1) 新建文件下载防护规则。

(2) 新建文件下载防护模板,引用文件下载防护规则。

(3) 新建文件下载防护策略,引用文件下载防护模板。

(4) 验证文件下载策略防护效果。

【实验步骤】

(1) 在管理机打开浏览器,在地址栏中输入 Web 应用防火墙产品的 IP 地址"https：//10.0.0.1"(以实际设备 IP 地址为准),进入 Web 应用防火墙的登录界面。输入管理员用户名 admin 和密码 admin,单击"登录"按钮,登录 Web 应用防火墙。

(2) 登录 Web 应用防火墙设备后,会显示它的面板界面。单击面板左侧导航栏中的"网络管理"→"网络接口",单击"网桥接口"。在"网桥接口"界面中,单击"增加＋"按钮,增加网桥接口。

(3) 在"增加网桥接口"界面中,除默认网桥号 1 保留作为管理网桥外,输入一个不重复的网桥号即可,本实验中输入"网桥号"为 12,其他保持默认配置。

(4) 单击"下一步"按钮,在弹出的增加网桥成功界面中单击"确定"按钮,再单击"增加＋"按钮,本实验中,接口 IP 地址输入"172.16.2.50",子网掩码输入"255.255.0.0",单击"保存"按钮。

(5) 单击"完成"按钮,添加网桥接口。

(6) 单击上方的"＋Port 接口"。在"Port 接口"界面中,双击 GE2 接口。

(7) 在"编辑 Port 接口"界面中,设置"网桥接口"为 bridge12,其他保持默认配置。

(8) 单击"保存"按钮,在弹出的更新成功界面中单击"确定"按钮。同样,在"Port 接口"界面中,双击 GE3 接口。在"编辑 Port 接口"界面中,设置"网桥接口"为 bridge12,其他保持默认配置。

(9) 单击"保存"按钮,在弹出的更新成功界面中单击"确定"按钮。返回"Port 接口"界面中,检查 GE2、GE3 的配置信息。

(10) 单击面板左侧导航栏中的"服务器管理"→"普通服务器管理",在"HTTP 服务器"界面中单击"增加＋"按钮,增加服务器。

(11) 在"编辑 HTTP 服务器"界面中,输入"服务器名称"为"测试服务器","IP 地址"为"172.16.2.200/16","端口"为 80,设置"部署模式"为"串联","防护模式"为"代理模式","接口"为 bridge12,勾选"启用"复选框。

(12) 单击"保存"按钮,在弹出的操作成功界面中单击"确定"按钮,关闭"编辑 HTTP 服务器"界面,返回"HTTP 服务器"列表界面,检查已添加的 HTTP 服务器信息。

(13) 单击面板左侧导航栏中的"Web 防护"→"Web 防护规则",选择"文件下载规则"。在"文件下载规则"界面中单击"增加＋"按钮,添加文件下载防护规则。

(14) 在"文件下载规则"界面中,"名称"输入"文件下载规则","默认动作"设置为"通过"，单击"保存"按钮，如图 2-119 所示。

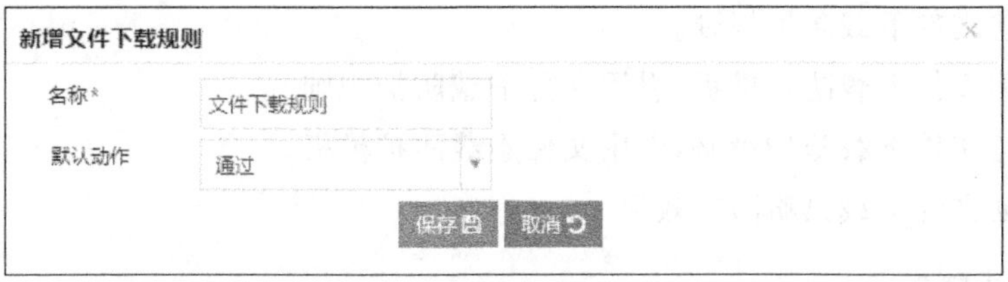

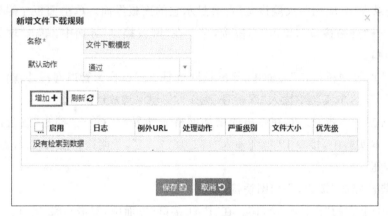

图 2-119 "新增文件下载规则"界面

（15）在弹出的配置成功界面中单击"确定"按钮，返回"新增文件下载规则"界面，单击"增加＋"按钮，增加文件下载规则条目，如图 2-120 所示。

图 2-120 新增文件下载规则条目

（16）在"新增文件下载规则条目"的"基本配置"界面中，"处理动作"设置为"阻断"，其他保持默认配置，如图 2-121 所示。

（17）单击"文件类型"，在"新增文件下载规则条目"的"文件类型"界面中，勾选"启用文件类型检测"复选框，在"可选文件类型"中单击选中 PHP，其他保持默认配置，如图 2-122 所示。

（18）单击"保存"按钮，在弹出的配置成功界面中单击"确定"按钮，返回"新增文件下载规则"界面，单击"保存"按钮，在弹出的更新成功界面中单击"确定"按钮，返回"文件下载规则"界面，检查添加成功的文件下载规则。

（19）单击"Web 防护"→"Web 防护模板"，在"Web 防护模板"界面中，单击"增加＋"按钮，增加防护模板。

（20）在"增加 Web 防护模板"界面中，输入"名称"为"文件下载模板"，将"文件下载规则"设置为"文件下载规则"，其他保持默认配置。

（21）单击"保存"按钮，在弹出的配置成功界面中单击"确定"按钮，返回"Web 防护模板"界面中，检查添加的文件下载防护模板。

（22）单击"Web 防护"→"Web 防护策略"，在"Web 防护策略"界面中，单击"增加＋"

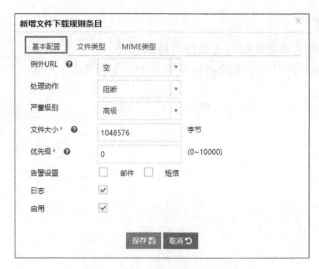

图 2-121　"基本配置"界面

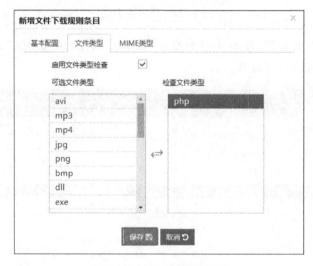

图 2-122　"文件类型"界面

按钮,添加文件下载策略。

(23) 在"增加 Web 防护策略"界面中,输入"名称"为"文件下载策略",将"Web 防护模板"设置为"文件下载模板",将"访问日志"设置为"开启",取消勾选"启用"复选框,其他保持默认配置。

(24) 单击"保存"按钮,在弹出的配置成功界面中单击"确定"按钮,返回"Web 防护策略"界面中,可见成功添加的文件下载策略,配置完毕。

【实验预期】

(1) 未启用文件下载策略时,用户可以下载任意格式的文件。

(2) 启用文件下载策略后,用户不能下载 PHP 格式的文件。

【实验结果】

1）未启用文件下载策略时可下载任意格式文件

（1）登录实验平台中对应实验拓扑左侧的 PC，如图 2-123 所示。

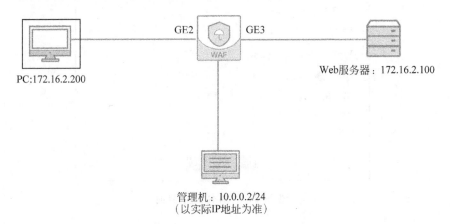

图 2-123　进入虚拟机

（2）打开火狐浏览器，在地址栏中输入"http：//172.16.2.100"，按 Enter 键进入 Discuz 论坛首页，如图 2-124 所示。

图 2-124　Discuz 论坛首页

（3）在"用户名"处输入 admin，密码处填入 123456，单击"登录"。然后在弹出的验证窗口中按要求输入"验证码"，单击"登录"按钮，如图 2-125 所示。

（4）登录完成后，单击"默认版块"中的帖子"txt and png and php"，如图 2-126 所示。

（5）帖子里存放有 3 个可下载的文件，如图 2-127 所示。

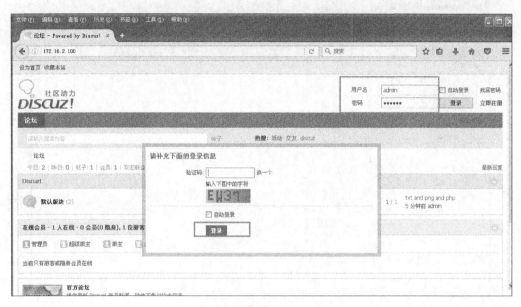

图 2-125　登录 Discuz

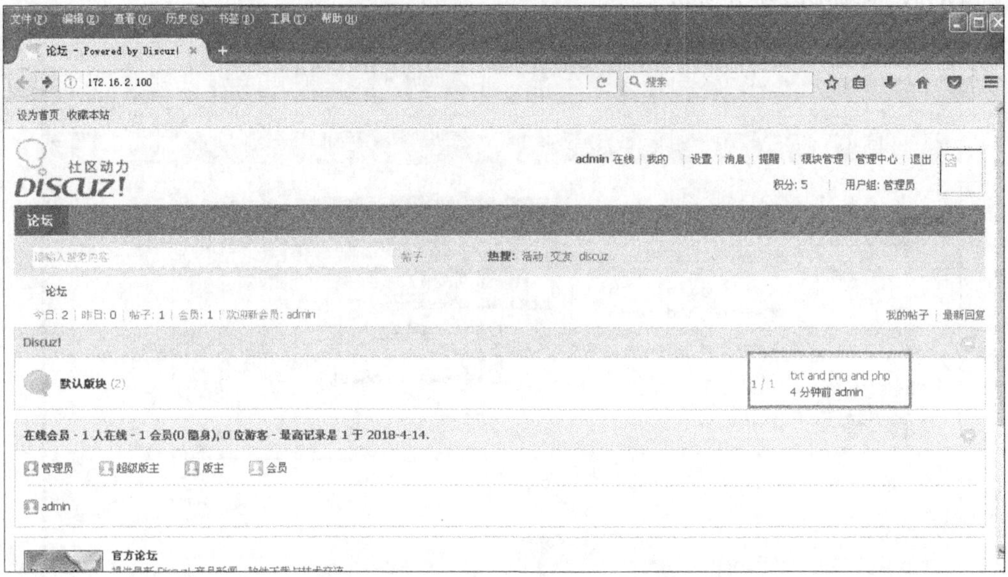

图 2-126　进入帖子

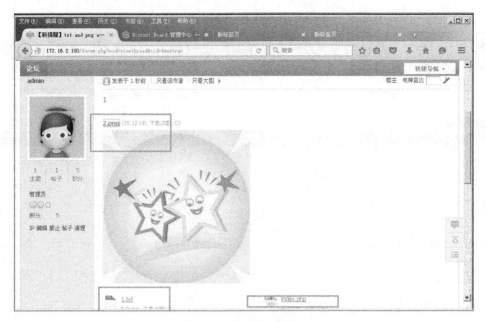

图 2-127　帖子内容界面

（6）单击 2.png，然后在弹出的提示窗中选择"保存文件"，单击"确定"按钮，成功下载 PNG 文件，如图 2-128 所示。

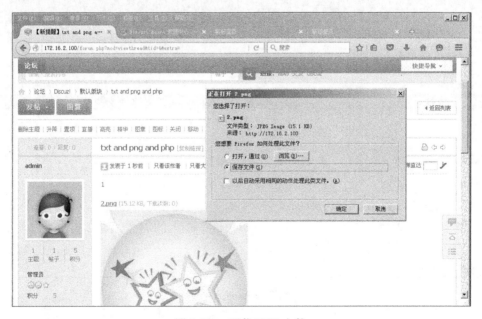

图 2-128　下载 PNG 文件

（7）单击"1.txt"，然后在弹出的提示窗中选择"保存文件"，单击"确定"按钮，成功下载 TXT 文件，如图 2-129 所示。

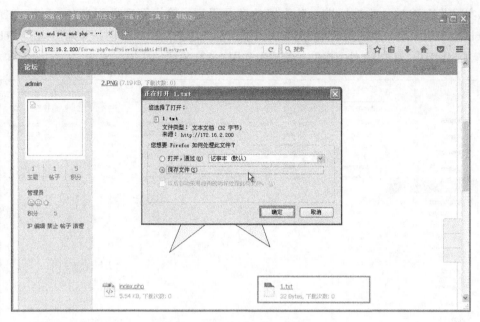

图 2-129　下载 TXT 文件

（8）单击 index.php，然后在弹出的提示窗中选择"保存文件"，单击"确定"按钮，成功下载 PHP 文件，如图 2-130 所示。

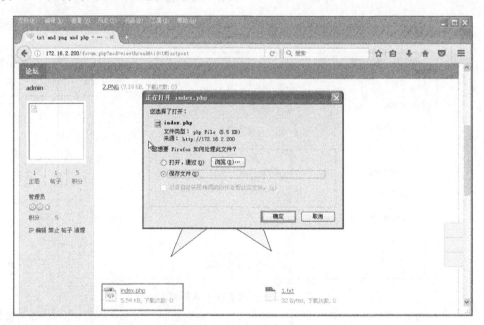

图 2-130　下载 PHP 文件

2）启用文件下载策略后 PHP 格式文件的下载被拦截

（1）在管理机打开浏览器，在地址栏中输入防火墙产品的 IP 地址"https://10.0.0.1"

（以实际设备 IP 地址为准），进入防火墙的登录界面。输入管理员用户名 admin 和密码 admin 登录防火墙。单击面板左侧导航栏中的"Web 防护"→"Web 防护策略"。在"Web 防护策略"界面中，双击"文件下载防护策略"，如图 2-131 所示。

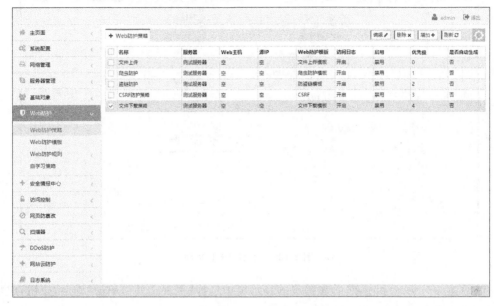

图 2-131　打开"文件下载策略"

（2）在"编辑 Web 防护策略"界面中，勾选"启用"复选框，如图 2-132 所示。

图 2-132　启用文件下载策略

（3）单击"保存"按钮，在弹出的配置成功界面中单击"确定"按钮。登录实验平台中对应实验拓扑左侧的 PC。打开火狐浏览器，在地址栏中输入"http：//172.16.2.200"，按 Enter 键进入 Discuz 论坛首页，如图 2-133 所示。

（4）在"用户名"处输入 admin，密码处输入 123456，单击"登录"按钮。然后在弹出的

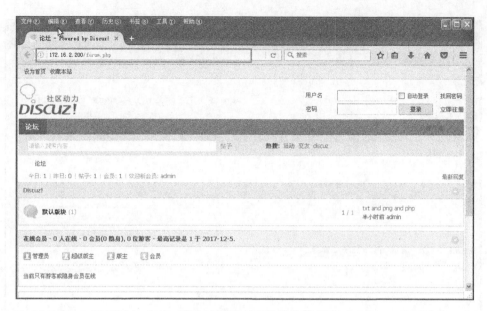

图 2-133　Discuz 论坛首页

验证窗口中按要求输入"验证码",单击"登录"按钮,如图 2-134 所示。

图 2-134　登录 Discuz

（5）登录完成后,单击"默认版块"中的帖子"txt and png and php",如图 2-135 所示。

（6）单击 2.png,然后在弹出的提示窗中选择"保存文件",单击"确定"按钮,成功下载 PNG 文件,如图 2-136 所示。

图 2-135　进入帖子

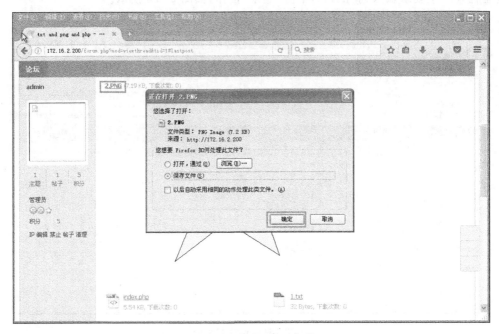

图 2-136　下载 PNG 文件

（7）单击 1.txt，然后在弹出的提示窗中选择"保存文件"，单击"确定"按钮，成功下载 TXT 文件，如图 2-137 所示。

（8）单击 index.php，弹出"页面载入出错"的页面，说明 PHP 格式文件的下载已被拦截，如图 2-138 所示。

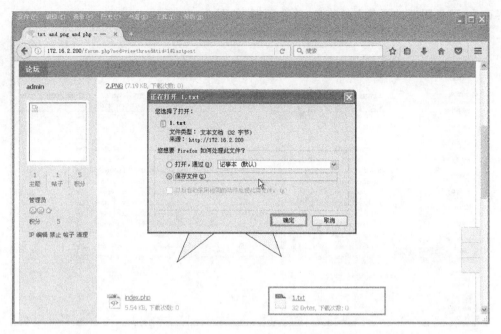

图 2-137　下载 TXT 文件

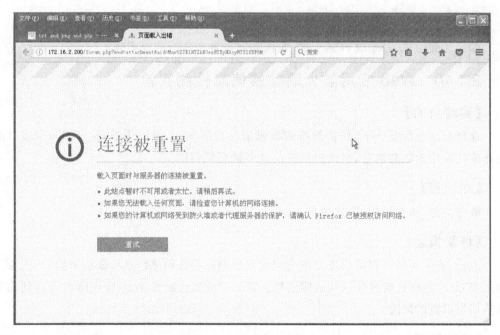

图 2-138　"页面载入出错"页面

（9）在管理机打开浏览器，在地址栏中输入防火墙产品的 IP 地址"https：//10.0.0.1"（以实际设备 IP 地址为准），进入防火墙的登录界面。输入管理员用户名 admin 和密码 admin 登录防火墙。单击面板左侧导航栏中的"日志系统"→"攻击日志"。在"攻击日志"

界面中，可见阻断的下载文件信息，符合预期，如图 2-139 所示。

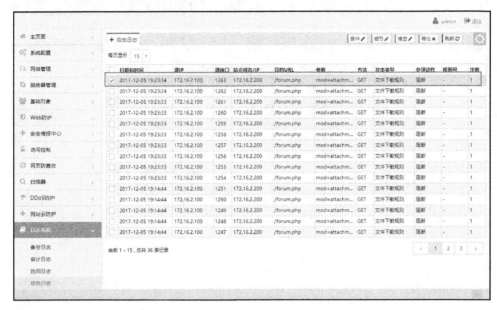

图 2-139 "攻击日志"界面

【实验思考】

如果需要拦截 TXT 文件的下载，应该如何设置文件下载规则呢?

2.1.10 Web 应用防火墙敏感信息检测实验

【实验目的】

管理员通过配置 Web 防护策略的敏感信息检测规则，可以使 Web 应用防火墙过滤或修改网站中的敏感信息，以保护私有信息不被恶意利用。

【知识点】

敏感信息、防护模板、防护规则。

【场景描述】

近日，安全运维工程师小王发现公司运营的网站存在敏感信息泄露的风险，小王希望利用 Web 应用防火墙屏蔽这些敏感信息。请思考应如何配置 Web 应用防火墙达到降低敏感信息泄露的风险。

【实验原理】

敏感信息是指未经授权被人接触或修改，从而不利于国家、企业或个人依法享有的个人隐私权的所有信息。

当客户端向 Web 服务器发起请求的链接时，Web 服务器会向客户端返回响应信息。在响应头信息中，通常包含字段 Server 和 X-Powered-By。Server 指服务器类型，它包括服务器名和版本号；X-Powered-By 指程序支持，它说明网站是用哪种语言或框架编写的。表 2-2 列出了一个响应头消息，目标 Web 服务器为 Microsoft-IIS，版本号为 7.5，支持的程序为. net。渗透测试人员往往可以通过查询对应 Web 服务器的版本信息的漏洞来入侵系统，保护好这些信息是非常重要的。

表 2-2　响应头信息

字 段 名	信　　息
Cache-Control	private
Content-Length	78457
Content-Type	text/html；charset＝utf-8
Date	Fri，25 Apr 2014 06：19：18 GMT
Server	Microsoft-IIS/7.5
X-AspNet-Version	4. 0. 30319
X-Powered-By	ASP. NET

添加敏感信息检测规则，可以设置例外 URL、检测位置、敏感信息和处理动作。当客户端向 Web 服务器发起请求，服务器返回响应消息时，Web 应用防火墙引擎首先检测响应数据包的 URL；将它与设定的例外 URL 进行比较，如果符合则放其通行，否则根据设定的检测位置检测数据包中对应位置的数据；将它和设定的敏感信息进行比较，如果不符合则放其通行，否则根据设定的处理方式处理此数据包。

【实验设备】

- 安全设备：Web 应用防火墙设备 1 台。
- 主机终端：Kali 2. 0 主机 1 台，Windows 2003 Server SP2 主机 1 台，Windows 7 主机 1 台。

【实验拓扑】

实验拓扑如图 2-140 所示。

【实验思路】

(1) 添加敏感信息检测规则。

(2) 添加 Web 防护模板，引用敏感信息检测规则。

(3) 添加 Web 防护策略，引用 Web 防护模板。

(4) Web 防火墙删除响应数据包的 X-By-Powered 字段并产生攻击日志。

【实验步骤】

(1) 在管理机打开浏览器，在地址栏中输入 Web 应用防火墙产品的 IP 地址"https：//10.0.0.1"(以实际设备 IP 地址为准)，进入 Web 应用防火墙的登录界面。输入管理员用户名 admin 和密码 admin，单击"登录"按钮，登录 Web 应用防火墙。

(2) 登录 Web 应用防火墙设备后，会显示它的面板界面。单击面板左侧导航栏中的

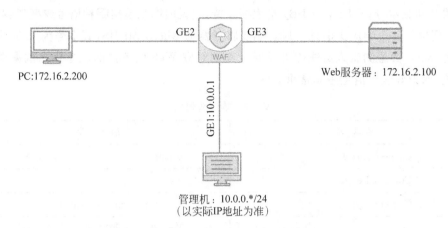

图 2-140　Web 应用防火墙敏感信息检测实验拓扑

"网络管理"→"网络接口",单击"网桥接口"。在"网桥接口"界面中,单击"增加＋"按钮,增加网桥接口。

(3) 在"增加网桥接口"界面中,除默认网桥号 1 保留作为管理网桥外,输入一个不重复的网桥号即可,本实验中输入"网桥号"为 12,其他保持默认配置。

(4) 单击"下一步"按钮,在弹出的增加网桥成功界面中单击"确定"按钮,再单击"完成"按钮,添加网桥接口。

(5) 单击上方的"＋Port 接口"。在"Port 接口"界面中,双击 GE2 接口。

(6) 在"编辑 Port 接口"界面中,设置"网桥接口"为 bridge12,其他保持默认配置。

(7) 单击"保存"按钮,在弹出的更新成功界面中单击"确定"按钮。同样,在"Port 接口"界面中,双击 GE3 接口。在"编辑 Port 接口"界面中,设置"网桥接口"为 bridge12,其他保持默认配置。

(8) 单击"保存"按钮,在弹出的更新成功界面中单击"确定"按钮。返回"Port 接口"界面,检查 GE2、GE3 的配置信息。

(9) 单击面板左侧导航栏中的"服务器管理"→"普通服务器管理",在"HTTP 服务器"界面中,单击"增加＋"按钮,增加服务器。

(10) 在"编辑 HTTP 服务器"界面中,输入"服务器名称"为"测试服务器","IP 地址"为"172.16.2.100/24","端口"为 80,设置"部署模式"为"串联","防护模式"为"代理模式","接口"为 bridge12,勾选"启用"复选框。

(11) 单击"保存"按钮,在弹出的操作成功界面中单击"确定"按钮,关闭"编辑 HTTP 服务器"界面,返回"HTTP 服务器"列表界面,检查已添加的 HTTP 服务器信息。

(12) 单击面板左侧导航栏中的"Web 防护"→"Web 防护规则"→"敏感信息检测规则",在"敏感信息检测规则"界面中单击"增加＋"按钮,增加检测规则。

(13) 在"增加敏感信息检测规则"界面中,输入"名称"为"规则 1"。如图 2-141 所示。

(14) 单击"保存"按钮,在弹出的增加规则成功界面中单击"确定"按钮,返回"增加敏感信息检测规则"界面,单击"增加＋"按钮,增加敏感信息,如图 2-142 所示。

图 2-141　设置规则名

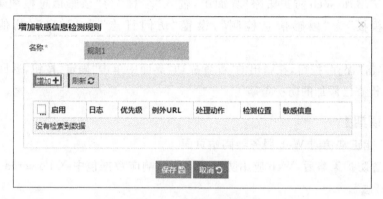

图 2-142　增加敏感信息

（15）在"增加敏感信息检测规则条目"界面中，设置"敏感信息"为 X-Powered-By，"处理动作"为"删除"，其他保存默认配置，如图 2-143 所示。

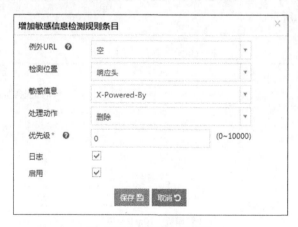

图 2-143　设置敏感信息

（16）单击"保存"按钮，在弹出的增加敏感信息成功界面中单击"确定"按钮，关闭"增加敏感信息检测规则条目"界面，返回"增加敏感信息检测规则"界面，单击"保存"按钮，在弹出的增加规则界面中单击"确定"按钮，返回"敏感信息检测规则"界面，检查已添加的检测规则。

（17）单击"Web 防护"→"Web 防护模板"，在"Web 防护模板"界面中，单击"增加＋"按钮，增加防护模板。

（18）在"增加 Web 防护模板"界面中，输入"名称"为"敏感信息检测"，设置"敏感信息检测规则"为"规则 1",其他保持默认配置。

（19）单击"保存"按钮,在弹出的配置成功界面中单击"确定"按钮,关闭"增加 Web 防护模板"界面,返回"Web 防护模板"界面,检查已添加的防护模板。

（20）单击"Web 防护"→"Web 防护策略",在"Web 防护策略"界面中单击"增加＋"按钮,增加防护策略。

（21）在"增加 Web 防护策略"界面中,输入"名称"为"敏感信息检测策略",设置"Web 防护模板"为"敏感信息检测",设置"访问日志"为"开启",其他保持默认配置。

（22）单击"保存"按钮,在弹出的"配置成功"界面中单击"确定"按钮,返回"Web 防护策略"界面,检查已添加的防护策略。

【实验预期】

（1）PC 能正常访问 Web 服务器网站页面。

（2）设置防护策略后,Web 应用防火墙能删除响应数据包中 X-Powered-By 字段,并产生"攻击日志"。

【实验结果】

1）PC 能正常访问 Web 服务器网站页面

（1）进入实验平台对应的实验拓扑,登录左侧的 PC 虚拟机,如需登录密码,输入123456,如图 2-144 所示。

图 2-144　打开实验虚拟机

（2）在虚拟机打开终端,如图 2-145 所示。

（3）在终端中,输入命令 firefox 并按 Enter 键,打开火狐浏览器,如图 2-146所示。

（4）在浏览器地址栏中输入 Web 服务器的 IP 地址"172.16.2.100",进入 Web 服务器网站首页,如图 2-147 所示。

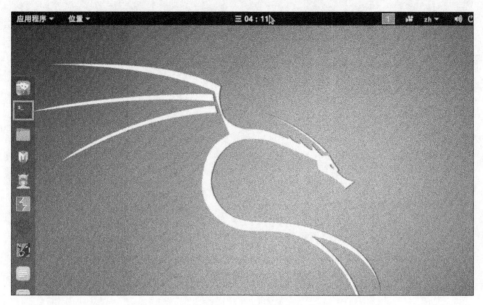

图 2-145　打开终端

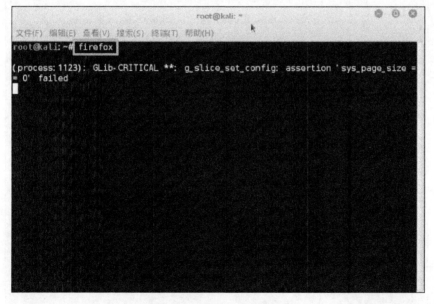

图 2-146　打开火狐浏览器

图 2-147　登录服务器网站首页

2）设置防护策略后响应头的"X-Powered-By"字段被删除

（1）在虚拟机中，为火狐浏览器设置代理。单击浏览器最右侧的下拉按钮，单击 Preference，如图 2-148 所示。

图 2-148　为火狐浏览器设置代理

（2）在弹出的"Iceweasel Preferences"界面中，单击上方的 Advanced，再在下方界面

单击 Network，单击 Settings 按钮，如图 2-149 所示。

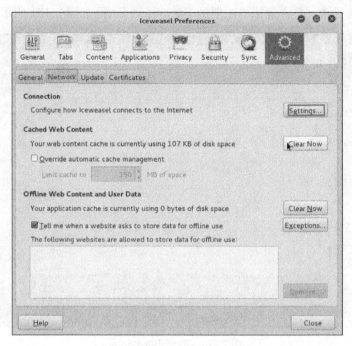

图 2-149　设置代理

（3）在弹出的"Connection Settings"界面中，选中"Manual proxy configuration"单选按钮。输入"HTTP Proxy"为"127.0.0.1"，与它同行的 Port 为 8080，如图 2-150 所示。

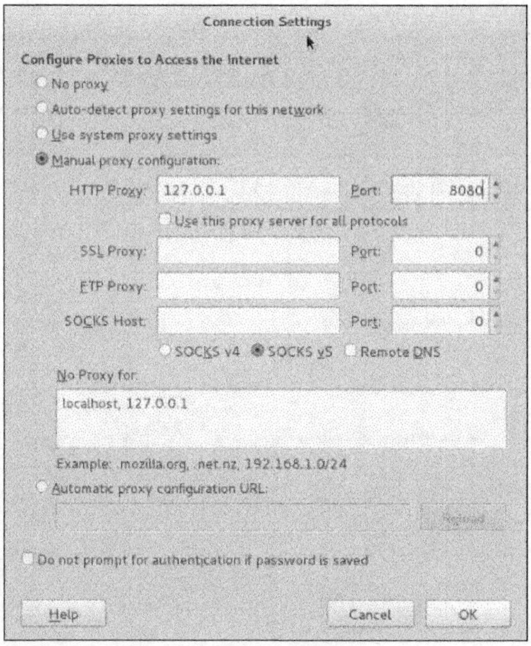

图 2-150　设置代理 IP 和端口

（4）单击 OK 按钮，返回"Iceweasel Preferences"界面，单击 Close 按钮，返回浏览器界面，代理设置成功。单击虚拟机左侧的 Burp Suite 图标，如图 2-151 所示。

图 2-151　打开 Burp Suite

（5）在弹出的"Burp Suite Free Edition"界面中，单击"I Accept"按钮。在"Burp Suite Free Edition v1.6.01"界面中，单击 Proxy→Options，在"Proxy Listeners"界面中，可见默认勾选的代理 IP 和端口和浏览器中设置的代理 IP 和端口一致，如图 2-152 所示。

图 2-152　查看 Burp Suite 的代理 IP 和端口

（6）单击 Proxy→Intercept，发现"Intercept is on"，说明 Burp Suite 开始拦截浏览器发送的数据包。返回浏览器界面，单击刷新按钮，使 Burp Suite 抓取到数据包，如图 2-153 所示。

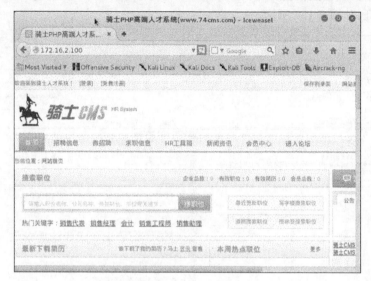

图 2-153　刷新页面

（7）返回"Burp Suite Free Edition v1.6.01"界面，可见捕捉到的数据包。在显示数据包的方框中右击，选择"Send to Repeater"命令，如图 2-154 所示。

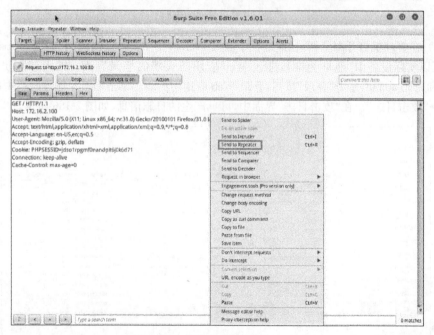

图 2-154　发送数据包到 Repeater

（8）单击 Repeater，在界面中单击 Go 按钮，发送数据包。在 Repeater 界面中有 Response 部分，当发送数据包后，响应的数据包内容会显示在这部分。本实验中防火墙检测响应数据包的头部,如果里面包含 X-Powered-By 字段,就会删除此字段并记录到"攻击日志"中。发送数据包后,发现 Response 部分没有 X-Powered-By,还需在后续步骤中进一步验证,如图 2-155 所示。

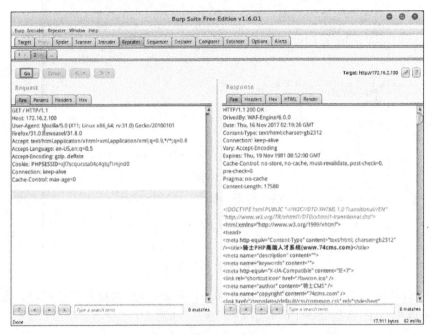

图 2-155　发送数据包

(9) 在管理机打开浏览器,在地址栏中输入 Web 应用防火墙产品的 IP 地址"https://10.0.0.1"(以实际设备 IP 地址为准),进入 Web 应用防火墙的登录界面。输入管理员用户名 admin 和密码 admin,单击"登录"按钮,登录 Web 应用防火墙。单击面板左侧导航栏中的"日志系统"→"攻击日志"。在"攻击日志"界面中,可见产生的日志信息,如图 2-156 所示。

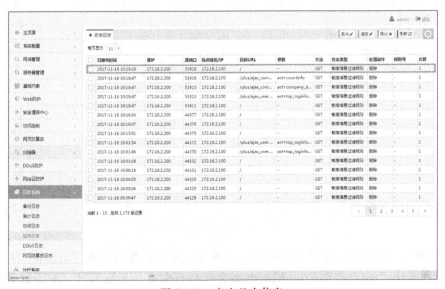

图 2-156　产生日志信息

（10）单击面板左侧导航栏中的"Web 防护"→"Web 防护策略"，在"Web 防护策略"界面中双击"敏感信息检测策略"，如图 2-157 所示。

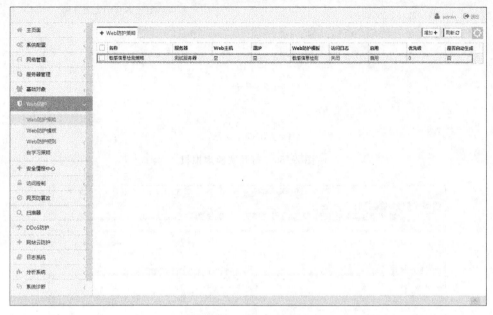

图 2-157　打开防护策略

（11）在"编辑 Web 防护策略"界面中，取消勾选"启用"复选框，如图 2-158 所示。

图 2-158　不启用防护策略

（12）单击"保存"按钮，在弹出的配置成功界面中单击"确定"按钮，关闭"编辑 Web 防护策略"。进入实验平台对应的实验拓扑，登录左侧的虚拟机，如需登录密码，输入 123456，如图 2-159 所示。

（13）单击"Burp Suite Free Edition v1.6.01"→Repeater，单击 Go 按钮，发现响应数据包存在 X-Powered-By 字段，说明敏感信息检测策略配置生效，如图 2-160 所示。

图 2-159　打开实验虚拟机

图 2-160　产生 X-Powered-By 字段

【实验思考】

（1）怎样设置可以删除网站响应信息的 Server 字段？

（2）怎样设置可以隐藏网站响应信息的 Server 字段的信息？

2.2　DDoS 防护

2.2.1　Web 应用防火墙 DDoS 防护实验

【实验目的】

管理员可以掌握 DDoS 防护的基础配置：DDoS 防护模板配置、DDoS 防护策略配置。

【知识点】

DDoS 防护模板、DDoS 防护策略。

【场景描述】

近日,安全运维工程师小王在对同事小黄进行 Web 应用防火墙设备技术培训时讲到防火墙的 DDoS 防护功能。防火墙的 DDoS 防护系统包含全面的 DDoS 防护规则和 DDoS 防护模板。DDoS 攻击是一种危害性特别严重的大规模入侵方式。请思考防火墙的 DDoS 防护规则的种类及 DDoS 防护策略的基础配置方法。

【实验原理】

DDoS 防护功能是通过策略的方式实现的。Web 应用防火墙面向被防护的对象制定统一的策略,策略引用 DDoS 防护模板,DDoS 防护模板包含各类防护规则。

DDoS 防护策略、模板和规则的关系图见图 2-161。

配置 DDoS 防护策略时直接引用服务器对象、IP 对象、DDoS 防护模板、主动防御模板即可生效。

DDoS 防护的配置流程如图 2-162 所示。

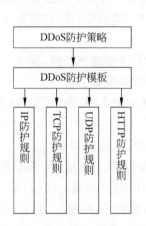

图 2-161 DDoS 防护策略、模板、规则关系图　　图 2-162 DDoS 防护配置流程

在 Web 应用防火墙中,DDoS 防护规则有四种:IP 防护规则、TCP 防护规则、UDP 防护规则和 HTTP 防护规则。通过配置这些防护规则,可以全面抵御各种 DDoS 攻击方式。

【实验设备】

- 安全设备:Web 应用防火墙设备 1 台。
- 主机终端:Windows 7 主机 1 台。

【实验拓扑】

实验拓扑如图 2-163 所示。

管理机：10.0.0.*/24
（以实际IP地址为准）

图 2-163　Web 应用防火墙 DDoS 防护实验拓扑

【实验思路】

（1）添加 DDoS 防护模板并引用防护规则。

（2）选择防护类型。

（3）添加 DDoS 防护策略并引用防护模版。

【实验步骤】

（1）在管理机打开浏览器，在地址栏中输入 Web 应用防火墙产品的 IP 地址 "https：//10.0.0.1"（以实际设备 IP 地址为准），进入 Web 应用防火墙的登录界面。输入管理员用户名 admin 和密码 admin，单击"登录"按钮，登录 Web 应用防火墙。

（2）登录 Web 应用防火墙设备后，会显示它的面板界面。单击面板左侧导航栏中的"网络管理"→"网络接口"，单击"网桥接口"。在"网桥接口"界面中，单击"增加＋"按钮，增加网桥接口。

（3）在"增加网桥接口"界面中，除默认网桥号 1 保留作为管理网桥外，输入一个不重复的网桥号即可，本实验中输入"网桥号"为 12，其他保持默认配置。

（4）单击"下一步"按钮，在弹出的增加网桥成功界面中单击"确定"按钮，再单击"完成"按钮，添加网桥接口。

（5）单击上方的"＋Port 接口"。在"Port 接口"界面中，双击 GE2 接口。

（6）在"编辑 Port 接口"界面中，设置"网桥接口"为 bridge12，其他保持默认配置。

（7）单击"保存"按钮，在弹出的更新成功界面中单击"确定"按钮。同样，在"Port 接口"界面中，双击 GE3 接口。在"编辑 Port 接口"界面中，设置"网桥接口"为 bridge12，其他保持默认配置。

（8）单击"保存"按钮，在弹出的更新成功界面中单击"确定"按钮。返回"Port 接口"界面，检查 GE2、GE3 的配置信息。

（9）单击面板左侧导航栏中的"服务器管理"→"普通服务器管理"→"＋HTTP 服务器"，单击右侧"增加＋"，添加一个 HTTP 服务器。

（10）在增加 HTTP 服务器页面中，"服务器名称"输入"测试服务器"，"IP 地址"输入"172.16.2.200/16"，"端口"输入 80，将"接口"设置为 bridge12，其他保持默认配置，单击"保存"按钮，在弹出的操作成功页面中单击"确定"按钮。

（11）增加防护规则，本实验增加简单攻击防护规则。单击面板左侧导航栏中的"DDoS 防护"→"DDoS 防护规则"，选择"TCP 防护规则"。在"端口扫描防护"界面中，单击"添加＋"按钮，添加端口扫描防护规则，如图 2-164 所示。

（12）在"增加端口扫描防护规则"界面中，在"名称"中输入"端口扫描防护规则示

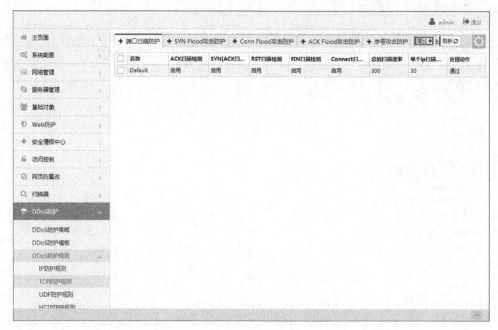

图 2-164　增加端口扫描防护规则

例",其他保持默认配置,如图 2-165 所示。

图 2-165　"增加端口扫描防护规则"界面

（13）单击"保存"按钮,在弹出的操作成功界面中单击"确定"按钮,返回"端口扫描防护"界面。单击面板左侧导航栏中的"DDoS 防护"→"DDoS 防护模板"。在"DDoS 防护模板"界面中单击"增加＋"按钮,增加防护模板,如图 2-166 所示。

（14）在"增加 DDoS 防护模板"界面中,在"名称"中输入"端口扫描防护模板示例",

图 2-166　增加防护模板

将"类型"设置为"HTTP 防护",单击"TCP 防护规则"标签页,"端口扫描防护规则"设置为"端口扫描防护规则示例",如图 2-167 所示。

图 2-167　"增加 DDoS 防护模板"界面

　　(15) 单击"保存"按钮,在弹出的操作成功界面中单击"确定"按钮,返回"DDoS 防护模板"界面。单击面板左侧导航栏中的"DDoS 防护"→"DDoS 防护策略",在"DDoS 防护策略"界面中单击"增加＋"按钮,增加防护策略,如图 2-168 所示。

图 2-168　增加防护策略

（16）在"增加 DDoS 防护策略"界面中，输入"名称"为"端口扫描防护策略"，"DDoS 防护模板"设置为"端口扫描防护模板示例"，其他保持默认配置，如图 2-169 所示。

图 2-169　"增加 DDoS 防护策略"界面

（17）单击"保存"按钮，在弹出的操作成功界面中单击"确定"按钮，返回"DDoS 防护策略"界面，配置完毕。

【实验预期】

查看配置成功的 DDoS 防护规则、模板、策略。

【实验结果】

（1）在管理机打开浏览器，在地址栏中输入 Web 应用防火墙产品的 IP 地址"https：//10.0.0.1"（以实际设备 IP 地址为准），进入 Web 应用防火墙的登录界面。输入管理员用户名 admin 和密码 admin,单击"登录"按钮,登录 Web 应用防火墙。在面板界面中,单击左侧导航栏中的"DDoS 防护"→"DDoS 防护规则",选择"TCP 防护规则",在"端口扫描防护"界面中发现添加的"端口扫描防护规则示例",双击它会发现配置的信息生效,如图 2-170 所示。

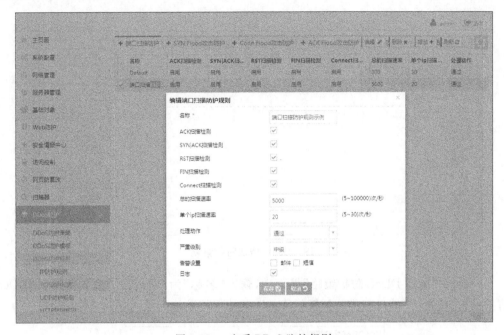

图 2-170 查看 DDoS 防护规则

(2) 单击"取消"按钮,返回"端口扫描防护"界面。单击面板左侧导航栏中的"DDoS防护"→"DDoS 防护模板",在"+DDoS 防护模板"界面中发现添加的"端口扫描防护模板示例",双击并打开,发现配置的信息生效,如图 2-171 所示。

(3) 单击"取消"按钮,返回"DDoS 防护模板"界面。单击面板左侧导航栏中的"DDoS防护"→"DDoS 防护策略",在"+DDoS 防护策略"界面中发现添加的"端口扫描防护策略",双击它会发现配置的信息生效,单击"取消"按钮,符合预期要求,如图 2-172 所示。

【实验思考】

怎样添加 HTTP 防护规则、模板和策略?

2.2.2 Web 应用防火墙 IP 防护实验

【实验目的】

管理员可以通过配置 Web 应用防火墙 IP 防护规则抵御 Land 攻击、Smurf 攻击和WinNuke 攻击等简单攻击以及 ICMP Flood 攻击。

【知识点】

IP 防护规则、防护策略、防护模板。

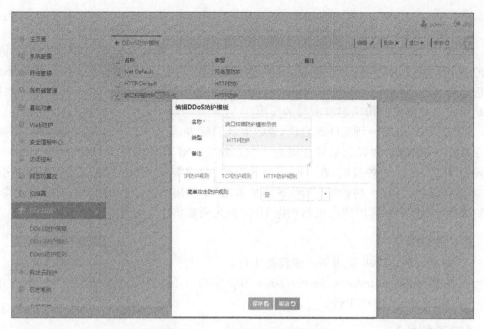

图 2-171　查看 DDoS 防护模板

图 2-172　查看 DDoS 防护策略

【场景描述】

A 公司的安全运维工程师小王接到反馈,公司的某个对外提供服务的网站无法正常打开,通过抓包分析发现到该服务器的链路上有大量的 ICMP 数据包,因此怀疑遭受了 ICMP Flood 攻击。为了不影响公司的正常业务,小王需要通过配置 Web 应用防火墙来防护这种 DDoS 攻击,请思考应如何实现。

【实验原理】

ICMP(Internet Control Message Protocol,Internet,控制报文协议)是 TCP/IP 协议族的一个子协议,用于在 IP 主机、路由器之间传递控制消息。控制消息是指网络通不通、主机是否可达、路由是否可用等网络本身的消息。这些控制消息虽然并不传输用户数据,但是对于用户数据的传递起着重要的作用。

ICMP FLood 是一种 DDoS 攻击,通过对其目标发送超过 65 535 字节的数据包,就可以令目标主机瘫痪,如果大量发送就成了洪水攻击。管理员在"DDoS 防护"→"DDoS 防护规则"中添加 IP 防护规则,在"DDoS 防护"→"DDoS 防护模板"中添加防护模板并引用 IP 防护规则,在"DDoS 防护"→"DDoS 防护策略"中引用已添加好的 IP 防护模板使得 IP 防护规则生效,Web 应用防火墙将根据 IP 防护规则抵御 ICMP Flood 攻击。

【实验设备】

- 安全设备:Web 应用防火墙设备 1 台。
- 主机终端:Windows Server 2003 SP2 主机 1 台,Windows XP SP3 主机 1 台,Windows 7 主机 1 台。

【实验拓扑】

实验拓扑如图 2-173 所示。

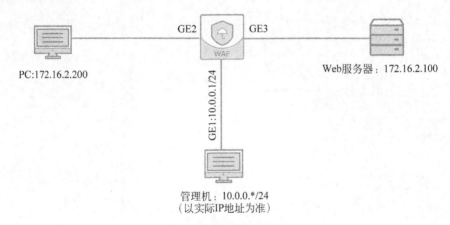

图 2-173 Web 应用防火墙 IP 防护实验拓扑

【实验思路】

(1) 添加 IP 防护规则。

(2) 添加 IP 防护模板,引用 IP 防护规则。

(3) 添加 IP 防护策略,引用 IP 防护模板。

【实验步骤】

(1) 在管理机打开浏览器,在地址栏中输入 Web 应用防火墙产品的 IP 地址"https://10.0.0.1"(以实际设备 IP 地址为准),进入 Web 应用防火墙的登录界面。输入管理员用户名 admin 和密码 admin,单击"登录"按钮,登录 Web 应用防火墙。

(2) 登录 Web 应用防火墙设备后,会显示它的面板界面。单击面板左侧导航栏中的

"网络管理"→"网络接口",单击"网桥接口"。在"网桥接口"界面中,单击"增加＋"按钮,增加网桥接口。

(3) 在"增加网桥接口"界面中,除默认网桥号 1 保留作为管理网桥外,输入一个不重复的网桥号即可,本实验中输入"网桥号"为 12,其他保持默认配置。

(4) 单击"下一步"按钮,在弹出的增加网桥成功界面中单击"确定"按钮,再单击"完成"按钮,添加网桥接口。

(5) 单击上方的"＋Port 接口"。在"Port 接口"界面中,双击 GE2 接口。

(6) 在"编辑 Port 接口"界面中,设置"网桥接口"为 bridge12,其他保持默认配置。

(7) 单击"保存"按钮,在弹出的更新成功界面中单击"确定"按钮。同样,在"Port 接口"界面中,双击 GE3 接口。在"编辑 Port 接口"界面中,设置"网桥接口"为"bridge12",其他保持默认配置。

(8) 单击"保存"按钮,在弹出的更新成功界面中单击"确定"按钮。返回"Port 接口"界面,检查 GE2、GE3 的配置信息。

(9) 单击面板左侧导航栏中的"服务器管理"→"普通服务器管理",单击上方的"其他服务器"。在"其他服务器"界面中单击"增加＋"按钮,增加服务器。

(10) 在"增加其他服务器"界面中,输入"服务器名称"为"Web 服务器","IP 地址"为"172.16.2.100/32",设置"部署模式"为"串联","防护模式"为"流模式",勾选"启用"复选框。

(11) 单击"保存"按钮,在弹出的操作成功界面中单击"确定"按钮,返回"其他服务器"列表界面,检查已添加的其他服务器信息。

(12) 单击面板左侧导航栏中的"DDoS 防护"→"DDoS 防护规则",选择"IP 防护规则"。单击"ICMP Flood 攻击防护",在"ICMP Flood 攻击防护"界面中单击"增加＋"按钮,如图 2-174 所示。

图 2-174　增加 ICMP 防护规则

（13）在"增加 ICMP Flood 攻击防护规则"界面中，输入"名称"为"ICMP 防护规则"，将"处理动作"设置为"丢弃"，其他保持默认配置，如图 2-175 所示。

图 2-175　"增加 ICMP Flood 攻击防护规则"界面

（14）单击"保存"按钮，在弹出的操作成功界面中单击"确定"按钮，返回"ICMP Flood 攻击防护"界面，可见增加的防护规则，如图 2-176 所示。

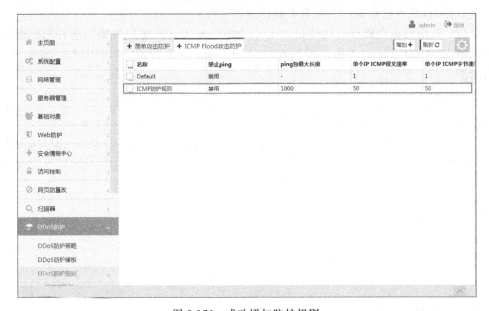

图 2-176　成功增加防护规则

（15）单击"DDoS 防护"→"DDoS 防护模板"，在"DDoS 防护模板"界面中单击"增加＋"按钮，增加防护模板，如图 2-177 所示。

（16）在"增加 DDoS 防护模板"界面中，输入"名称"为"ICMP 防护模板"，将"类型"设置为"网络层防护"，"ICMP Flood 攻击防护规则"设置为"ICMP 防护规则"，其他保持默

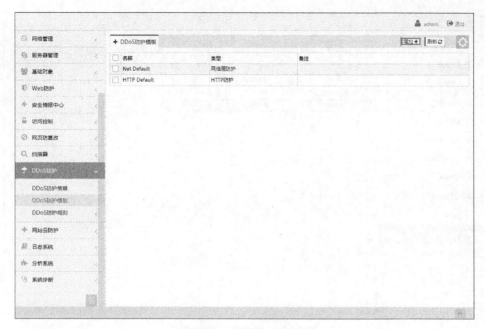

图 2-177　增加防护模板

认配置,如图 2-178 所示。

图 2-178　"增加 DDoS 防护模板"界面

（17）单击"保存"按钮,在弹出的操作成功界面中单击"确定"按钮,返回"DDoS 防护模板"界面,可见增加的防护模板,如图 2-179 所示。

（18）单击"DDoS 防护"→"DDoS 防护策略",在"DDoS 防护策略"界面中单击"增加

图 2-179　成功增加防护模板

＋"按钮,增加防护策略,如图 2-180 所示。

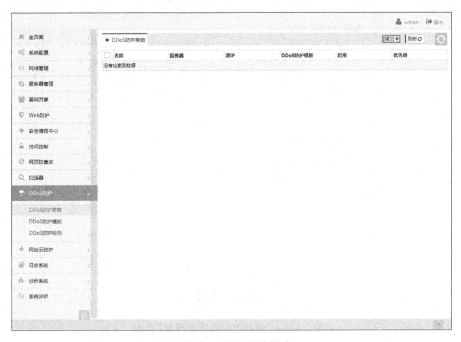

图 2-180　增加防护策略

(19) 在"增加 DDoS 防护策略"界面中,输入"名称"为"ICMP 防护策略",将"服务器"设置为"Web 服务器","DDoS 防护模板"设置为"ICMP 防护模板",其他保持默认配置,如图 2-181 所示。

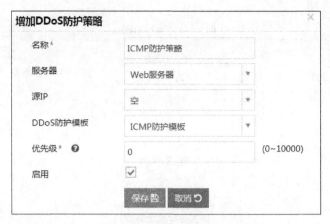

图 2-181　"增加 DDoS 防护策略"界面

（20）单击"保存"按钮，在弹出的操作成功界面中单击"确定"按钮，返回"DDoS 防护策略"界面中，可见增加的防护策略，配置完毕，如图 2-182 所示。

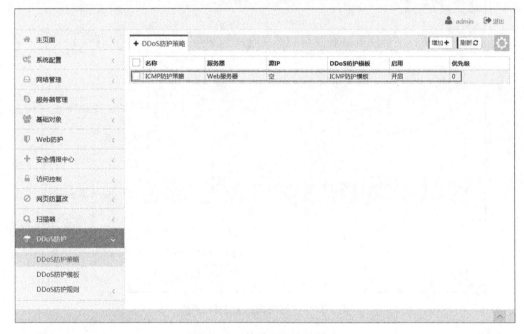

图 2-182　成功增加防护策略

【实验预期】

添加 IP 防护策略后，防火墙阻断 ICMP Flood 攻击，可见 IP 防护日志。

【实验结果】

（1）登录实验平台中对应实验拓扑左侧的 PC，进入虚拟机，如图 2-183 所示。

（2）在虚拟机双击桌面的 IPAnalyse.exe，在软件界面中，单击三角形按钮，开始抓包，如图 2-184 所示。

图 2-183　登录左侧虚拟机

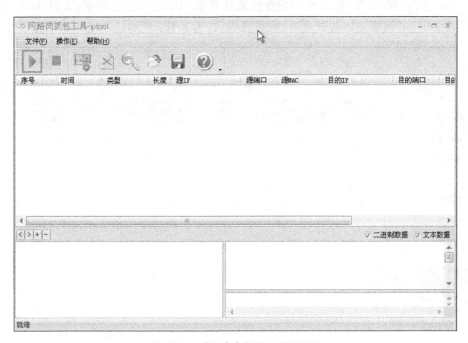

图 2-184　"网路岗抓包工具"界面

（3）单击"开始"→"命令提示符"，在"命令提示符"界面中输入命令"ping 172.16.2.100"后按 Enter 键，如此反复 10 次，如图 2-185 所示。

（4）在数据抓包软件（如网路岗抓包工具）界面中可见抓到的数据包，单击"文件"→"保存为"，在弹出的"另存为"界面中，"保存在"选择"桌面"，"文件名"输入 package1，其他保持默认配置，如图 2-186 所示。

（5）单击"保存"按钮，在桌面可见保存成功的数据包，如图 2-187 所示。

（6）返回"网路岗抓包工具"界面，单击"文件"→"IP 包回放"，在弹出的"打开"界面中单击 package1.tcap，如图 2-188 所示。

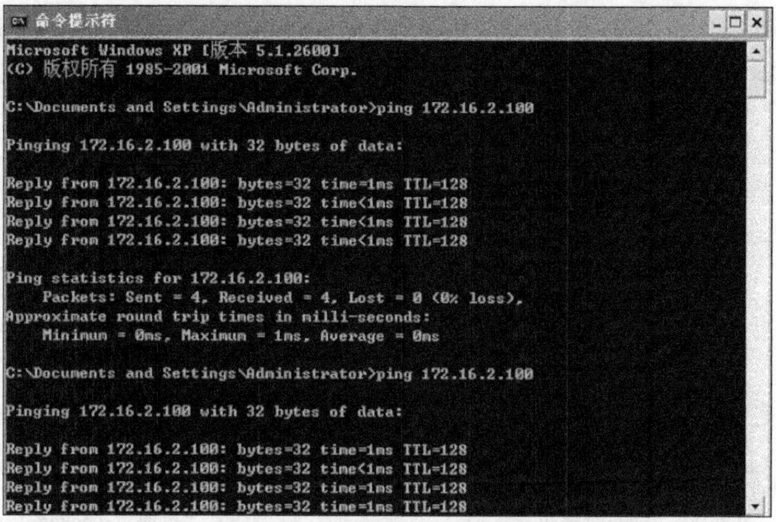

图 2-185　"命令提示符"界面

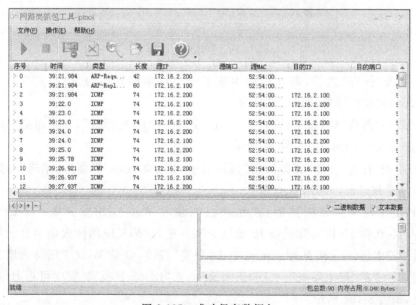

图 2-186　保存数据包

图 2-187　成功保存数据包

（7）单击"打开"按钮，在弹出的"包回放-package1.tcap"界面中，单击"开始"按钮，反复10次。此工具还处于抓包状态，"包回放"操作发送的数据包都会被抓取到，如图 2-189 所示。

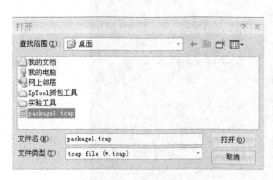 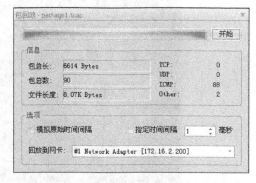

图 2-188　打开数据包　　　　　　　　图 2-189　"包回放-package1.tcap"界面

（8）关闭"包回放-package1.tcap"，返回"网路岗抓包工具"界面，此时工具已经抓取了一个巨量数据包。单击"文件"→"保存为"，在弹出的"另存为"界面中，"文件名"输入package2，其他保持默认配置，如图 2-190 所示。

图 2-190　"另存为"界面

（9）单击"保存"按钮，即在桌面生成了一个巨量的数据包文件，将它作为 ICMP Flood 攻击的回放数据包，如图 2-191 所示。

（10）返回"网路岗抓包工具"界面，单击"文件"→"IP 包回放"，在弹出的"打开"界面中，单击 package2.tcap，如图 2-192 所示。

（11）单击"打开"按钮，在弹出的"包回放-package2.tcap"界面中，单击"开始"按钮，成功发送巨量数据包，如图 2-193 所示。

（12）在管理机打开浏览器，在地址栏中输入 Web 应用防火墙产品的 IP 地址"https://10.0.0.1"（以实际设备 IP 地址为准），进入 Web 应用防火墙的登录界面。输入管理员用户名 admin 和密码 admin，单击"登录"按钮，登录 Web 应用防火墙。单击面板左侧导航栏中的"日志系统"→"DDoS 日志"。在"DDoS 日志"界面中可见 IP 策略处理的数据包，如图 2-194 所示。

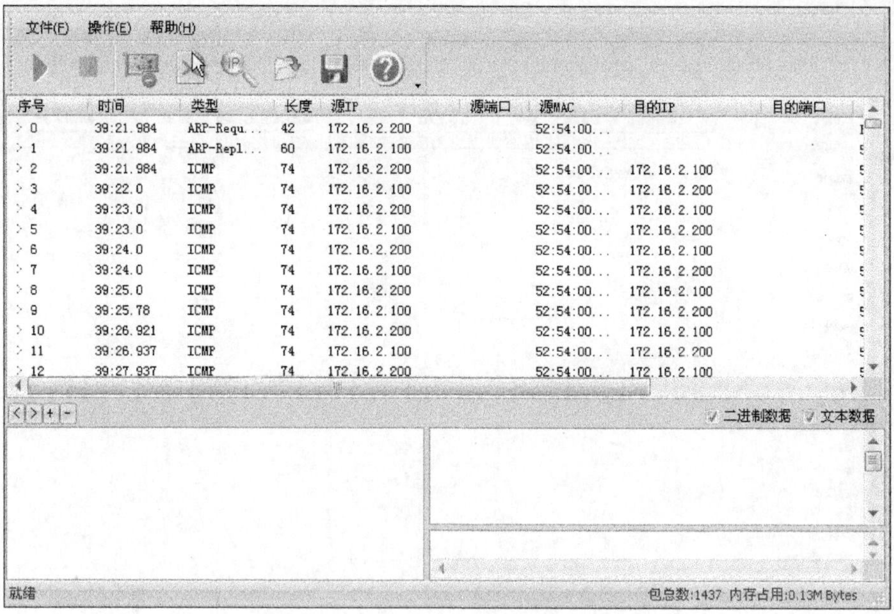

序号	时间	类型	长度	源IP	源端口	源MAC	目的IP	目的端口
0	39:21.984	ARP-Requ...	42	172.16.2.200		52:54:00...		1
1	39:21.984	ARP-Repl...	60	172.16.2.100		52:54:00...		5
2	39:21.984	ICMP	74	172.16.2.200		52:54:00...	172.16.2.100	5
3	39:22.0	ICMP	74	172.16.2.100		52:54:00...	172.16.2.200	5
4	39:23.0	ICMP	74	172.16.2.200		52:54:00...	172.16.2.100	5
5	39:23.0	ICMP	74	172.16.2.100		52:54:00...	172.16.2.200	5
6	39:24.0	ICMP	74	172.16.2.200		52:54:00...	172.16.2.100	5
7	39:24.0	ICMP	74	172.16.2.100		52:54:00...	172.16.2.200	5
8	39:25.0	ICMP	74	172.16.2.200		52:54:00...	172.16.2.100	5
9	39:25.78	ICMP	74	172.16.2.200		52:54:00...	172.16.2.100	5
10	39:26.921	ICMP	74	172.16.2.200		52:54:00...	172.16.2.100	5
11	39:26.937	ICMP	74	172.16.2.100		52:54:00...	172.16.2.200	5
12	39:27.937	ICMP	74	172.16.2.200		52:54:00...	172.16.2.100	5

☑ 二进制数据 ☑ 文本数据

就绪   包总数:1437 内存占用:0.13M Bytes

图 2-191 "package2.tcap"数据包

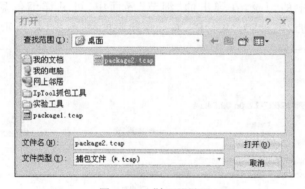

图 2-192 "打开"界面

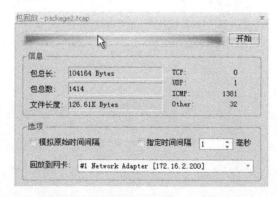

图 2-193 "包回放-package2.tcap"界面

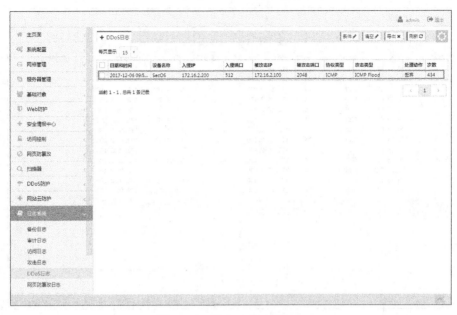

图 2-194　"DDoS 日志"界面

　　(13) 双击选中的记录,在弹出的"细节"界面中,可见详细信息:"攻击类型"为"ICMP Flood","协议类型"为"ICMP",符合预期要求,如图 2-195 所示。

图 2-195　"细节"界面

【实验思考】

如何设置才能禁止 ICMP 类型数据包的发送?

2.2.3　Web 应用防火墙 TCP 防护实验

【实验目的】

管理员通过配置 Web 应用防火墙的 TCP 防护规则来保护服务器的 TCP 端口。

【知识点】

Web 防护、TCP 防护规则。

【场景描述】

近日,A 公司客服接到用户投诉,无法访问公司提供的 Web 服务,经排查发现只有上传的用户数据,提供服务的服务器没有回应的数据包,运维工程师小王对提供服务的服务器检查后发现,服务器的 TCP 端口遭受了 SYN Flood 攻击。针对这种情况,请思考应该如何进行防护。

【实验原理】

SYN Flood 是一种广为人知的 DDoS(分布式拒绝服务攻击)的方式之一,这是一种利用 TCP 缺陷,发送大量伪造的 TCP 连接请求,从而使得被攻击方资源耗尽(CPU 满负荷或内存不足)的攻击方式。管理员在"DDoS 防护"→"DDoS 防护规则"→"TCP 防护规则"中添加并配置 TCP 防护规则及 DDoS 防护模板,之后在"DDoS 防护"→"DDoS 防护策略"中引用已经配置好的模板使得 TCP 防护规则生效,根据 TCP 防护规则抵御 SYN Flood 攻击。

【实验设备】

- 安全设备:Web 应用防火墙设备 1 台。
- 主机终端:Windows Server 2003 SP2 主机 1 台,Windows XP SP3 主机 1 台,Windows 7 主机 1 台。

【实验拓扑】

实验拓扑如图 2-196 所示。

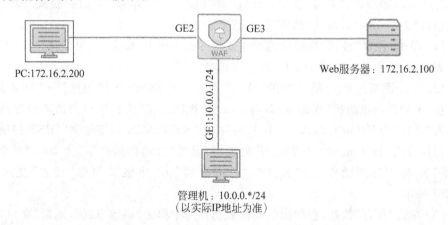

图 2-196　Web 应用防火墙 TCP 防护实验拓扑

【实验思路】

（1）添加 TCP 防护规则。

（2）添加 TCP 防护模板，引用 TCP 防护规则。

（3）添加 TCP 防护策略，引用 TCP 防护模板。

【实验步骤】

（1）在管理机打开浏览器，在地址栏中输入 Web 应用防火墙产品的 IP 地址"https：//10.0.0.1"（以实际设备 IP 地址为准），进入 Web 应用防火墙的登录界面。输入管理员用户名 admin 和密码 admin，单击"登录"按钮，登录 Web 应用防火墙。

（2）登录 Web 应用防火墙设备后，会显示它的面板界面。单击面板左侧导航栏中的"网络管理"→"网络接口"，单击"网桥接口"。在"网桥接口"界面中，单击"增加＋"按钮，增加网桥接口。

（3）在"增加网桥接口"界面中，除默认网桥号 1 保留作为管理网桥外，输入一个不重复的网桥号即可，本实验中输入"网桥号"为 12，其他保存默认配置。

（4）单击"下一步"按钮，在弹出的增加网桥成功界面中单击"确定"按钮，再单击"完成"按钮，添加网桥接口。

（5）单击上方的"＋Port 接口"。在"Port 接口"界面中，双击 GE2 接口。

（6）在"编辑 Port 接口"界面中，设置"网桥接口"为 bridge12，其他保持默认配置。

（7）单击"保存"按钮，在弹出的更新成功界面中单击"确定"按钮。同样，在"Port 接口"界面中，双击 GE3 接口。在"编辑 Port 接口"界面中，设置"网桥接口"为 bridge12，其他保持默认配置。

（8）单击"保存"按钮，在弹出的更新成功界面中单击"确定"按钮。返回"Port 接口"界面，检查 GE2、GE3 的配置信息。

（9）单击面板左侧导航栏中的"服务器管理"→"普通服务器管理"，单击"增加＋"按钮，增加服务器。

（10）在"增加 HTTP 服务器"界面中，输入"服务器名称"为"测试服务器"，"IP 地址"为"172.16.2.100/24"，"端口"为 80，设置"部署模式"为"串联"，"防护模式"为"代理模式"，"接口"为 bridge12，勾选"启用"的复选框。

（11）单击"保存"按钮，在弹出的操作成功界面中单击"确定"按钮，返回"HTTP 服务器"列表界面，检查已添加的 HTTP 服务器信息。

（12）单击面板左侧导航栏中的"DDoS 防护"→"DDoS 防护规则"→"TCP 防护规则"。在"＋端口扫描防护"界面中，双击 Default 规则。在"编辑端口扫描防护规则"界面中，输入"名称"为 Default，勾选"ACK 扫描检测""SYN|ACK 扫描检测""RST 扫描检测""FIN 扫描检测"和"Connect 扫描检测"复选框，设置"总的扫描速率"为 300，"单个 ip 扫描速率"为 30，"处理动作"为"丢弃"，"严重级别"为"中级"，勾选"日志"复选框，如图 2-197 所示。

（13）单击"保存"按钮，在弹出的操作成功界面中单击"确定"按钮，返回"端口扫描防护"界面，单击上方的"ACK Flood 攻击防护"，如图 2-198 所示。

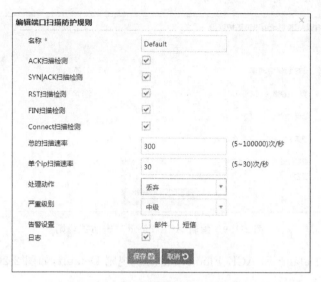

图 2-197　编辑端口防护规则

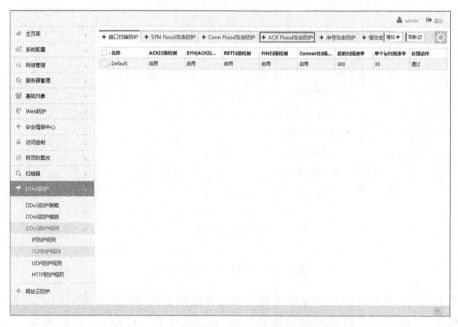

图 2-198　打开 ACK Flood 攻击防护界面

（14）在"＋ACK Flood 攻击防护"界面中，双击 Default 规则。在"编辑 ACK Flood 攻击防护规则"界面中，设置"处理动作"为"丢弃"，"严重级别"为"中级"，勾选"日志"复选框，其他保持默认配置，如图 2-199 所示。

（15）单击"保存"按钮，在弹出的操作成功界面中单击"确定"按钮，返回"ACK Flood 攻击防护"界面。单击面板左侧导航栏中的"DDoS 防护"→"DDoS 防护模块"。在"DDoS 防护模块"界面中，双击"HTTP Default"模块，单击"TCP 防护规则"，发现已经添加了端

图 2-199　编辑 ACK Flood 攻击防护规则

口扫描防护规则 Default 和 ACK Flood 攻击防护规则 Default，如图 2-200 所示。

图 2-200　编辑 DDoS 防护模块

（16）单击"保存"按钮，在弹出的操作成功界面中单击"确定"按钮，关闭"编辑 DDoS 防护模块"界面。单击面板左侧导航栏中的"DDoS 防护"→"DDoS 防护策略"。在"＋ DDoS 防护策略"界面中，单击"增加＋"按钮，添加 DDoS 防护策略，如图 2-201 所示。

（17）在"增加 DDoS 防护策略"界面中，输入"名称"为"TCP 防护策略"，设置"服务器"为"测试服务器"，"源 IP"为"空"，"DDoS 防护模块"为"HTTP Default"，"优先级"为0，勾选"启用"复选框，如图 2-202 所示。

（18）单击"保存"按钮，在弹出的操作成功界面中单击"确定"按钮，关闭"增加 DDoS 防护策略"，配置完成。

图 2-201　添加 DDoS 防护策略

图 2-202　增加 DDoS 防护策略

【实验预期】

添加 TCP 防护策略后，防火墙阻断 TCP 攻击，可见 TCP 防护日志。

【实验结果】

（1）登录实验平台中对应实验拓扑左侧的 PC，进入虚拟机。如图 2-203 所示。

（2）在虚拟机双击桌面的 LOIC.exe，在软件界面中，输入 IP 为"172.16.2.100"，单击 IP 右侧的 Lock on，Method 选择 TCP，输入 Threads 为 10000，取消勾选右侧的"Wait for reply"复选框，其他保存默认配置，如图 2-204 所示。

（3）单击"IMMA CHARGIN MAHLAZER"按钮，开始 TCP 攻击，如图 2-205

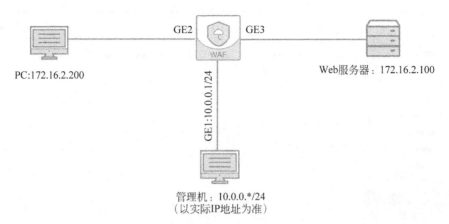

图 2-203　登录左侧虚拟机

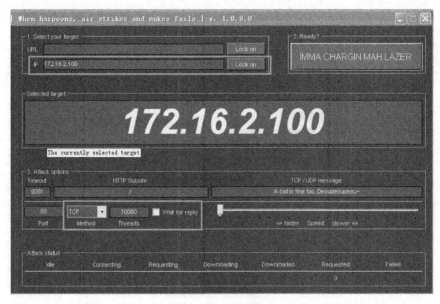

图 2-204　LOIC 界面

所示。

（4）在管理机打开浏览器，在地址栏中输入 Web 应用防火墙产品的 IP 地址"https://10.0.0.1"（以实际设备 IP 地址为准），进入 Web 应用防火墙的登录界面。输入管理员用户名 admin 和密码 admin，单击"登录"按钮，登录 Web 应用防火墙。单击面板左侧导航栏中的"日志系统"→"DDoS 日志"。在"DDoS 日志"界面中，可见 TCP 策略处理的数据包记录，如图 2-206 所示。

（5）双击选中的记录，在弹出的"细节"界面中，可见详细信息："攻击类型"为"TCP 端口扫描"，"DDoS 防护策略"为"TCP 防护策略"，符合预期要求，如图 2-207所示。

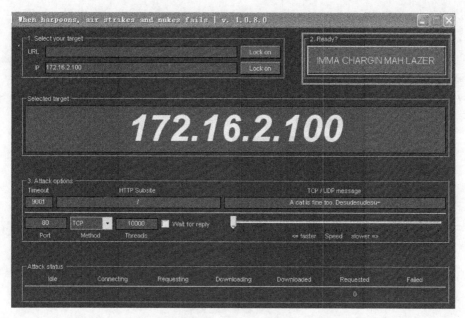

图 2-205　开始 TCP 攻击

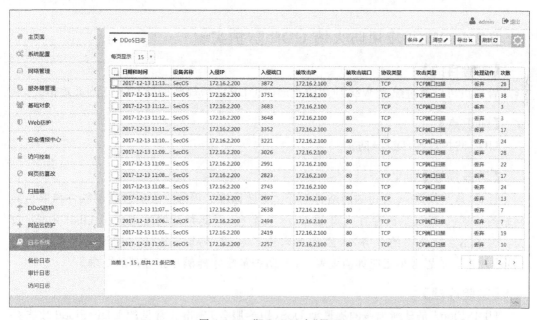

图 2-206　"DDoS 日志"界面

【实验思考】

（1）怎样设置使得防火墙能阻断 PC 发起的 TCP 类型的 DDoS 攻击？

（2）怎样设置使得防火墙能阻断 TCP 类型的慢速 DDoS 攻击？

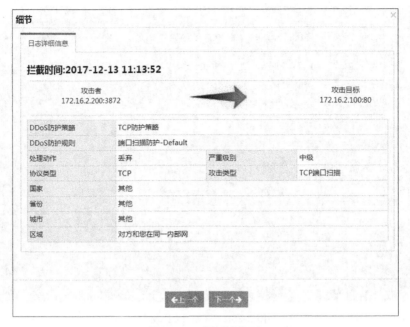

图 2-207 "细节"界面

2.2.4 Web 应用防火墙 UDP 防护实验

【实验目的】
管理员可以通过配置 Web 应用防火墙的 UDP 防护规则抵御 UDP Flood 攻击。

【知识点】
UDP 防护规则、DDoS 防护。

【场景描述】
近日,客户反映 A 公司的网站打不开。安全运维工程师小王通过抓包软件抓取访问网站的数据包,发现里面存在大量的 UDP 数据包,因此判断网站遭受了 UDP Flood 攻击。为了不影响公司的业务,张经理要求小王利用 Web 应用防火墙设备来抵御这种 DDoS 攻击。请思考小王应如何设置 UDP 防护策略才能满足张经理的要求。

【实验原理】
UDP Flood 是日渐猖獗的流量型 DoS(拒绝服务)攻击。常见的 UDP Flood 攻击是利用大量 UDP 小包冲击 DNS 服务器或 RADIUS 认证服务器、流媒体视频服务器。100kbps(比特率)的 UDP Flood 经常攻击网络上的骨干设备(例如防火墙),造成整个网段的瘫痪。由于 UDP 是一种无连接的服务,在 UDP Flood 攻击中,攻击者可发送大量伪造源 IP 地址的小 UDP 包。但是,由于 UDP 是无连接性的,所以只要开了一个 UDP 的端口提供相关服务,就可针对相关的服务进行攻击。

正常应用情况下,UDP 包双向流量会基本相等,而且大小和内容都是随机的,变化很大。出现 UDP Flood 的情况下,针对同一目标 IP 的 UDP 包在一侧大量出现,并且内容和大小都比较固定。

管理员在"DDoS 防护"→"DDoS 防护规则"→"UDP 防护规则"中添加并配置 UDP 防护规则,在"DDoS 防护"→"DDoS 防护模板"中添加防护模板并引用 UDP 防护规则,在"DDoS 防护"→"DDoS 防护策略"中引用已添加好的 UDP 防护模板使得 UDP 防护规则生效,Web 应用防火墙将根据 UDP 防护规则。

【实验设备】

- 安全设备:Web 应用防火墙设备 1 台。
- 主机终端:Windows Server 2003 SP2 主机 1 台,Windows XP SP3 主机 1 台,Windows 7 主机 1 台。

【实验拓扑】

实验拓扑如图 2-208 所示。

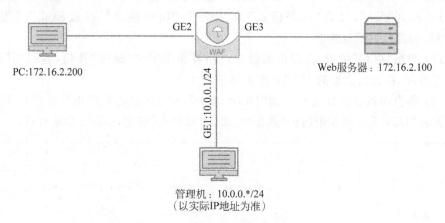

图 2-208 Web 应用防火墙 UDP 防御实验拓扑

【实验思路】

(1) 添加 UDP 防护规则。

(2) 添加 UDP 防护模板,引用 UDP 防护规则。

(3) 添加 UDP 防护策略,引用 UDP 防护模板。

【实验步骤】

(1) 在管理机打开浏览器,在地址栏中输入 Web 应用防火墙产品的 IP 地址"https://10.0.0.1"(以实际设备 IP 地址为准),进入 Web 应用防火墙的登录界面。输入管理员用户名 admin 和密码 admin,单击"登录"按钮,登录 Web 应用防火墙。

(2) 登录 Web 应用防火墙设备后,会显示它的面板界面。单击面板左侧导航栏中的"网络管理"→"网络接口",单击"网桥接口"。在"网桥接口"界面中,单击"增加＋"按钮,增加网桥接口。

(3) 在"增加网桥接口"界面中,除默认网桥号 1 保留作为管理网桥外,输入一个不重复的网桥号即可,本实验中输入"网桥号"为 12,其他保持默认配置。

(4) 单击"下一步"按钮,在弹出的增加网桥成功界面中单击"确定"按钮,再单击"完成"按钮,添加网桥接口。

(5) 单击上方的"＋Port 接口"。在"Port 接口"界面中,双击 GE2 接口。

(6) 在"编辑 Port 接口"界面中,设置"网桥接口"为 bridge12,其他保持默认配置。

(7) 单击"保存"按钮,在弹出的更新成功界面中单击"确定"按钮。同样,在"Port 接口"界面中,双击 GE3 接口。在"编辑 Port 接口"界面中,设置"网桥接口"为 bridge12,其他保持默认配置。

(8) 单击"保存"按钮,在弹出的更新成功界面中单击"确定"按钮。返回"Port 接口"界面中,检查 GE2、GE3 的配置信息。

(9) 单击面板左侧导航栏中的"服务器管理"→"普通服务器管理",单击上方的"其他服务器"。在"其他服务器"界面中,单击"增加＋"按钮,增加服务器。

(10) 在"增加其他服务器"界面中,输入"服务器名称"为"Web 服务器","IP 地址"为"172.16.2.100/24",设置"部署模式"为"串联","防护模式"为"流模式","接口"为bridge12,勾选"启用"复选框。

(11) 单击"保存"按钮,在弹出的操作成功界面中单击"确定"按钮,返回"其他服务器"列表界面,检查已添加的 HTTP 服务器信息。

(12) 单击面板左侧导航栏中的"DDoS 防护"→"DDoS 防护规则",选择"UDP 防护规则"。在"UDP Flood 攻击防护"界面中,单击"增加＋"按钮,如图 2-209 所示。

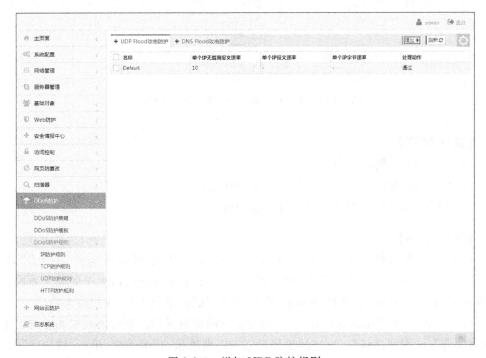

图 2-209　增加 UDP 防护规则

（13）在"增加 UDP Flood 攻击防护规则"界面中,输入"名称"为"UDP 防护规则","处理动作"设置为"丢弃",其他保持默认配置,如图 2-210 所示。

图 2-210　"增加 UDP Flood 攻击防护规则"界面

（14）单击"保存"按钮,在弹出的操作成功界面中单击"确定"按钮,返回"UDP Flood 攻击防护"界面,可见增加的防护规则,如图 2-211 所示。

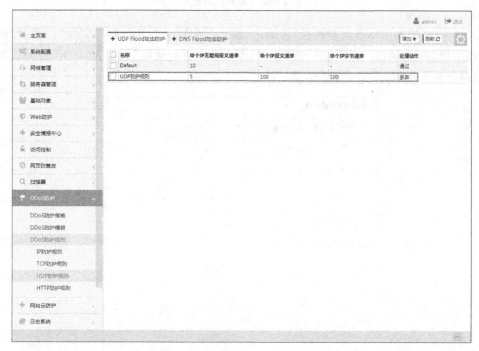

图 2-211　成功增加 UDP 防护规则

（15）单击"DDoS 防护"→"DDoS 防护模板",在"DDoS 防护模板"界面中,单击"增加 ＋"按钮,增加防护模板,如图 2-212 所示。

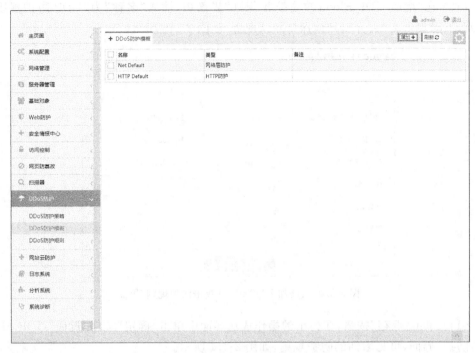

图 2-212　增加防护模板

（16）在"增加 DDoS 防护模板"界面中，输入"名称"为"UDP 防护模板"，"类型"设置为"网络层防护"，单击"UDP 防护规则"，"UDP 攻击防护规则"设置为"UDP 防护规则"，其他保持默认配置，如图 2-213 所示。

图 2-213　"增加 DDoS 防护模板"界面

（17）单击"保存"按钮，在弹出的操作成功界面中单击"确定"按钮，返回"DDoS 防护模板"界面，可见增加的防护模板，如图 2-214 所示。

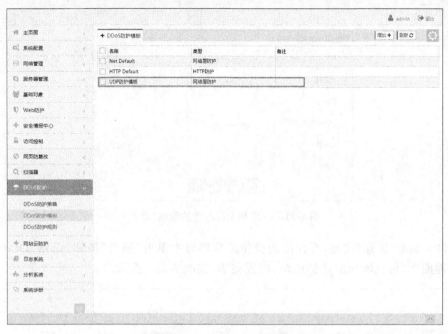

图 2-214　成功增加防护模板

（18）单击"DDoS 防护"→"DDoS 防护策略"，在"DDoS 防护策略"界面中单击"增加＋"按钮，增加防护策略，如图 2-215 所示。

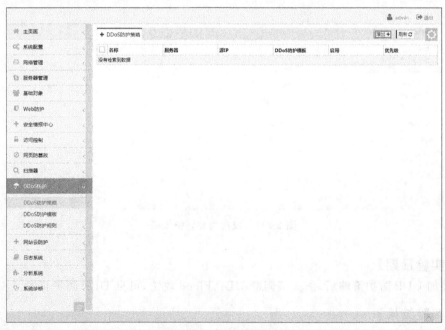

图 2-215　增加防护策略

（19）在"增加 DDoS 防护策略"界面中，输入"名称"为"UDP 防护策略"，"服务器"设置为"Web 服务器"，"DDoS 防护模板"设置为"UDP 防护模板"，其他保持默认配置，如图 2-216 所示。

图 2-216　"增加 DDoS 防护策略"界面

（20）单击"保存"按钮，在弹出的操作成功界面中单击"确定"按钮，返回"DDoS 防护策略"界面中，可见增加的防护策略，配置完毕，如图 2-217 所示。

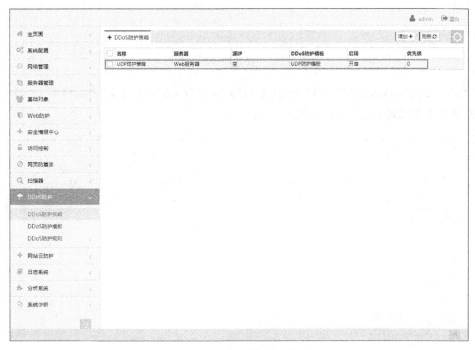

图 2-217　成功增加防护策略

【实验预期】

添加 UDP 防护策略后，防火墙阻断 UDP Flood 攻击，可见 UDP 防护日志。

【实验结果】

（1）登录实验平台中对应实验拓扑左侧的 PC，进入虚拟机，如图 2-218 所示。

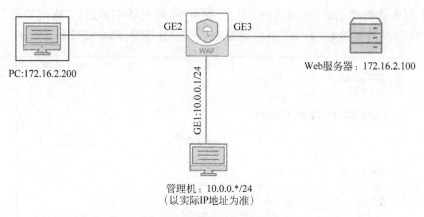

PC:172.16.2.200

GE2　GE3

Web服务器：172.16.2.100

GE1:10.0.0.1/24

管理机：10.0.0.*/24
（以实际IP地址为准）

图 2-218　登录左侧虚拟机

（2）在虚拟机双击桌面的"LOIC.exe"，在软件界面中，输入 IP 为"172.16.2.100"，单击 IP 右侧的"Lock on"，"Method"设置为"UDP"，输入 Threads 为 1000，其他保持默认配置。

（3）单击"IMMA CHARGIN MAHLAZER"按钮，开始 UDP 攻击。

（4）在管理机打开浏览器，在地址栏中输入 Web 应用防火墙产品的 IP 地址"https：//10.0.0.1"（以实际设备 IP 地址为准），进入 Web 应用防火墙的登录界面。输入管理员用户名 admin 和密码 admin，单击"登录"按钮，登录 Web 应用防火墙。单击面板左侧导航栏中的"日志系统"→"DDoS 日志"。在"DDoS 日志"界面中，可见 UDP 策略处理的数据包记录，如图 2-219 所示。

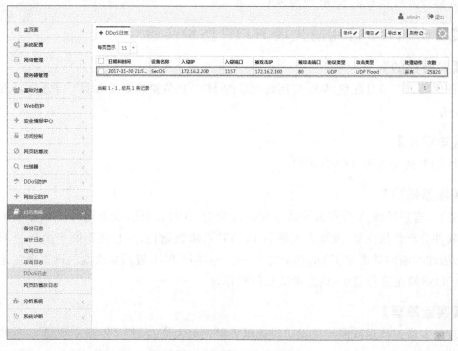

图 2-219　"DDoS 日志"界面

（5）双击选中的记录，在弹出的"细节"界面中，可见详细信息："攻击类型"为"UDP Flood"，"DDoS 防护策略"为"UDP 防护策略"，符合预期要求，如图 2-220 所示。

图 2-220　"细节"界面

【实验思考】

如何设置可以禁止 UDP 数据包的发送？

2.2.5　Web 应用防火墙 HTTP 防护实验

【实验目的】

管理员可以通过配置 Web 应用防火墙的 HTTP 防护规则抵御 HTTP Flood 攻击和 CC 攻击。

【知识点】

HTTP 防护规则、DDoS 防护。

【场景描述】

近日，客户反映 A 公司的网站经常存在响应超时的问题，安全运维工程师小王通过监控软件分析数据流量，发现有大量的 HTTP 请求数据包，而且还不断产生新的 HTTP 请求，因此判断网站遭受了 DDoS 攻击。小王想通过 Web 应用防火墙的设置来对这种类型的 DDoS 攻击进行防护，请思考应如何操作。

【实验原理】

攻击者通过代理或僵尸主机向目标服务器发起大量的 HTTP 报文，请求涉及数据库操作的 URI（Universal Resource Identifier）或其他消耗系统资源的 URI，造成服务器资源耗尽,无法响应正常请求。管理员在"DDoS 防护"→"DDoS 防护规则"中添加 HTTP 防护规则,在"DDoS 防护"→"DDoS 防护模板"中添加防护模板并引用 HTTP 防护规则,在"DDoS 防护"→"DDoS 防护策略"中引用已添加好的 HTTP 防护模板,使得 HTTP 防护规则生效,Web 应用防火墙将根据 HTTP 防护规则抵御 HTTP Flood 攻击。

【实验设备】

- 安全设备:Web 应用防火墙设备 1 台。
- 主机终端:Windows Server 2003 SP2 主机 1 台,Windows XP SP3 主机 1 台,Windows 7 主机 1 台。

【实验拓扑】

实验拓扑如图 2-221 所示。

图 2-221　Web 应用防火墙 HTTP 防护实验拓扑

【实验思路】

(1) 添加 HTTP 防护规则。

(2) 添加 HTTP 防护模板,引用 HTTP 防护规则。

(3) 添加 HTTP 防护策略,引用 HTTP 防护模板。

【实验步骤】

(1) 在管理机打开浏览器,在地址栏中输入 Web 应用防火墙产品的 IP 地址 "https://10.0.0.1"(以实际设备 IP 地址为准),进入 Web 应用防火墙的登录界面。输入管理员用户名 admin 和密码 admin,单击"登录"按钮,登录 Web 应用防火墙。

(2) 登录 Web 应用防火墙设备后,会显示它的面板界面。单击面板左侧导航栏中的 "网络管理"→"网络接口",单击"网桥接口"。在"网桥接口"界面中,单击"增加＋"按钮,增加网桥接口。

(3) 在"增加网桥接口"界面中,除默认网桥号 1 保留作为管理网桥外,输入一个不重复的网桥号即可,本实验中输入"网桥号"为 12,其他保持默认配置。

(4) 单击"下一步"按钮,在弹出的增加网桥成功界面中单击"确定"按钮,再单击"完成"按钮,成功添加网桥接口。

(5) 单击上方的"＋Port 接口"。在"Port 接口"界面中,双击 GE2 接口。

(6) 在"编辑 Port 接口"界面中,设置"网桥接口"为 bridge12,其他保持默认配置。

(7) 单击"保存"按钮,在弹出的更新成功界面中单击"确定"按钮。同样,在"Port 接口"界面中,双击 GE3 接口。在"编辑 Port 接口"界面中,设置"网桥接口"为 bridge12,其他保持默认配置。

(8) 单击"保存"按钮,在弹出的更新成功界面中单击"确定"按钮。返回"Port 接口"界面,检查 GE2、GE3 的配置信息。

(9) 单击面板左侧导航栏中的"服务器管理"→"普通服务器管理",单击上方的"HTTP 服务器"。在"HTTP 服务器"界面中,单击"增加＋"按钮,增加服务器。

(10) 在"编辑 HTTP 服务器"界面中,输入"服务器名称"为"测试服务器","IP 地址"为"172.16.2.100/24",输入"端口"为 80,设置"部署模式"为"串联","防护模式"为"代理模式","接口"为 bridge12,勾选"启用"复选框。

(11) 单击"保存"按钮,在弹出的操作成功界面中单击"确定"按钮,关闭"编辑 HTTP 服务器"界面,返回"HTTP 服务器"列表界面,检查已添加的 HTTP 服务器信息。

(12) 单击面板左侧导航栏中的"DDoS 防护"→"DDoS 防护规则",选择"HTTP 防护规则"。在"HTTP Flood 攻击防护"界面中,单击"增加＋"按钮,如图 2-222 所示。

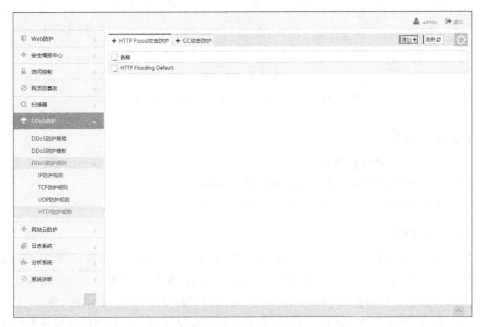

图 2-222　增加 UDP 防护规则

(13) 在"增加 HTTP Flood 攻击防护规则"界面中,在"名称"中输入"HTTP 防护规则",如图 2-223 所示。

(14) 单击"保存"按钮,在弹出的操作成功界面中单击"确定"按钮,返回"增加 HTTP Flood 攻击防护规则"界面,单击"增加＋"按钮,增加防护规则,如图 2-224 所示。

图 2-223　"增加 HTTP Flood 攻击防护规则"界面

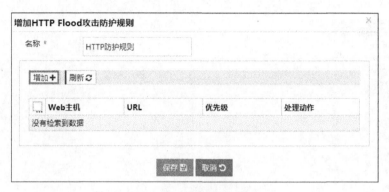

图 2-224　增加防护规则

(15) 在"增加 HTTP Flood 攻击防护规则条目"界面中,"处理动作"设置为"封禁",其他保持默认配置,如图 2-225 所示。

图 2-225　设置防护规则条目

(16) 单击"保存"按钮,在弹出的操作成功界面中单击"确定"按钮,返回"增加 HTTP Flood 攻击防护规则"界面,单击"保存"按钮,在操作成功界面中单击"确定"按钮,返回

"HTTP Flood 攻击防护"界面,可见增加的防护规则,如图 2-226 所示。

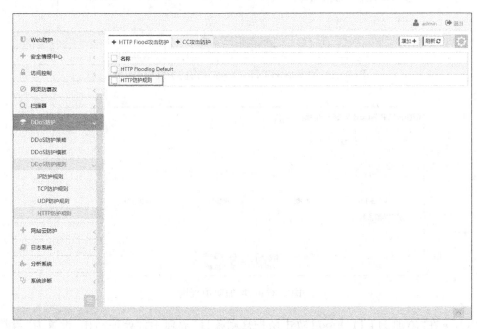

图 2-226 成功增加 HTTP 防护规则

(17)单击"DDoS 防护"→"DDoS 防护模板",在"DDoS 防护模板"界面中,单击"增加 ＋"按钮,增加防护模板,如图 2-227 所示。

图 2-227 增加防护模板

(18)在"增加 DDoS 防护模板"界面中,输入"名称"为"HTTP 防护模板",将"类型"

设置为"HTTP 防护",单击"HTTP 防护规则"标签页,"HTTP Flood 攻击防护规则"设置为"HTTP 防护规则",其他保持默认配置,如图 2-228 所示。

图 2-228　"增加 DDoS 防护模板"界面

（19）单击"保存"按钮,在弹出的操作成功界面中单击"确定"按钮,返回"DDoS 防护模板"界面,可见增加的防护模板,如图 2-229 所示。

图 2-229　成功增加防护模板

（20）单击"DDoS 防护"→"DDoS 防护策略"，在"DDoS 防护策略"界面中单击"增加＋"按钮，增加防护策略，如图 2-230 所示。

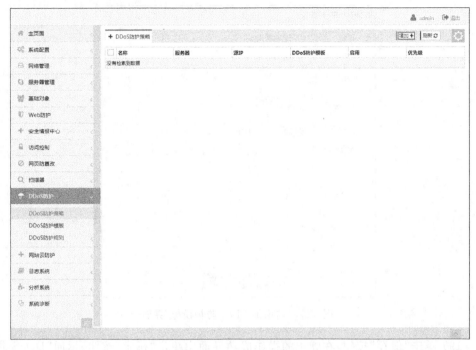

图 2-230　增加防护策略

（21）在"增加 DDoS 防护策略"界面中，输入"名称"为"HTTP 防护策略"，"服务器"设置为"测试服务器"，"DDoS 防护模板"设置为"HTTP 防护模板"，其他保持默认配置，如图 2-231 所示。

图 2-231　"增加 DDoS 防护策略"界面

（22）单击"保存"按钮，在弹出的操作成功界面中单击"确定"按钮，返回"DDoS 防护策略"界面，可见增加的防护策略，配置完毕，如图 2-232 所示。

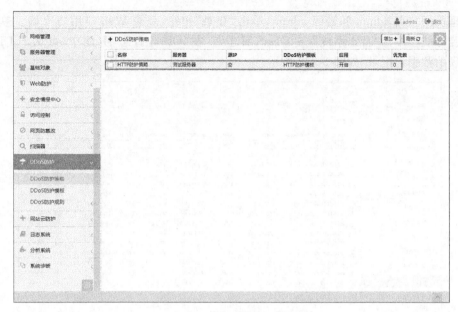

图 2-232　成功增加防护策略

【实验预期】

添加 HTTP 防护策略后，Web 应用防火墙阻断 HTTP Flood 攻击，可见 HTTP 防护日志。

【实验结果】

（1）登录实验平台中对应实验拓扑左侧 PC，进入虚拟机，如图 2-233 所示。

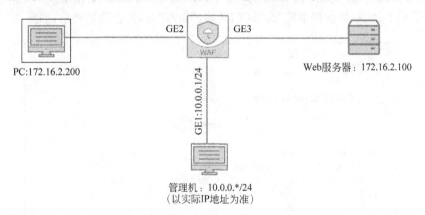

图 2-233　登录左侧虚拟机

（2）在虚拟机双击桌面的"LOIC. exe"，在软件界面中，输入"IP"为"172.16.2.100"，单击 IP 右侧的"Lock on"，Method 选择 HTTP，输入 Threads 为 1000，其他保持默认配置。

（3）单击"IMMA CHARGIN MAHLAZER"按钮，开始 HTTP 攻击。

（4）在管理机打开浏览器，在地址栏中输入 Web 应用防火墙产品的 IP 地址"https：//10.0.0.1"（以实际设备 IP 地址为准），进入 Web 应用防火墙的登录界面。输入管理员用户名 admin 和密码 admin，单击"登录"按钮，登录 Web 应用防火墙。单击面板左侧导航栏中的"日志系统"→"DDoS 日志"。在"DDoS 日志"界面中，可见 HTTP 策略处理的数据包记录，如图 2-234 所示。

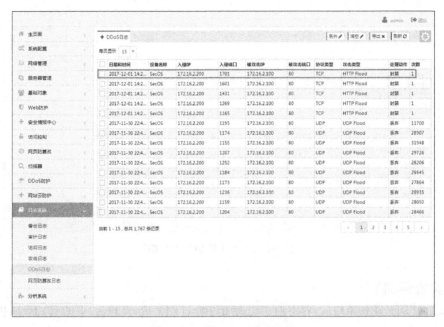

图 2-234　"DDoS 日志"界面

（5）双击选中的记录，在弹出的"细节"界面中，可见详细信息："攻击类型"为"HTTP Flood"，"DDoS 防护策略"为"HTTP 防护策略"等，符合预期要求，如图 2-235 所示。

图 2-235　"细节"界面

【实验思考】

思考一下,如果要求封禁 HTTP Flood 攻击 1000s,该如何配置?

2.3　网页防篡改

2.3.1　Web 应用防火墙主机网页防篡改防护服务器配置实验

【实验目的】

管理员通过在需要网页防篡改的服务器上安装防护服务器客户端和发布客户端,与 Web 应用防火墙建立联系并配置相关参数,完成利用 Web 应用防火墙网页防篡改配置过程。

【知识点】

网页防篡改、网站目录。

【场景描述】

安全运维工程师小王在对同事小黄进行 Web 应用防火墙设备技术培训时讲到了网页防篡改技术。网页防篡改是阻止攻击者修改 Web 页面的技术,它可以有效地阻止攻击者对网站内容进行破坏,尤其是在攻击者突破 Web 防护后,依然可以有效地保护网站,因此防护服务器的配置非常重要,小王专门花时间教小黄配置防护服务器。请思考配置防护服务器的关键点。

【实验原理】

网页防篡改是一种防止攻击者修改 Web 页面的技术,可以有效阻止攻击者对网站内容进行破坏,尤其是在攻击者突破 WAF 的防护后,依然可以有效保护网站。发布服务器将防护网站备份目录作为发布服务器的目录,更新网站时更新到备份目录,由发布程序将文件推送到被保护的目录。当服务器端安装发布服务器客户端、防篡改客户端并且正确配置以后,如果该服务器没有在 WAF 上配置,那么 WAF 就可以探测到该服务器。

【实验设备】

- 安全设备:Web 应用防火墙设备 1 台。
- 主机终端:Windows Server 2003 SP2 主机 1 台,Windows 7 主机 1 台。

【实验拓扑】

实验拓扑如图 2-236 所示。

【实验思路】

(1) 配置 Web 应用防火墙网络接口。

(2) 配置防护客户端和发布客户端。

(3) 配置 Web 应用防火墙获取防护客户端和发布客户端信息。

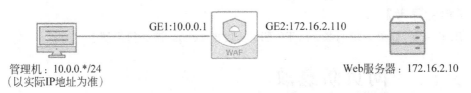

图 2-236　Web 应用防火墙主机网页防篡改防护服务器配置实验拓扑

【实验步骤】

（1）在管理机打开浏览器，在地址栏中输入 Web 应用防火墙设备的 IP 地址"https：//10.0.0.1"（以实际设备 IP 地址为准），进入 Web 应用防火墙的登录界面。输入管理员用户名 admin 和密码 admin，登录 Web 应用防火墙。

（2）登录 Web 应用防火墙设备后，显示防火墙的面板界面。单击左侧的"网络管理"→"网络接口"→"网桥接口"，显示当前的网桥接口列表。

（3）单击"＋网桥接口"界面中右上角的"增加＋"按钮，在弹出的"增加网桥接口"界面中，"网桥号"输入 1800，"MTU""模式""状态"均保持默认参数。

（4）单击"下一步"按钮，显示"插入并更新网桥成功"的提示框。

（5）单击"确定"按钮后，在"增加网桥接口"界面中，单击"增加＋"按钮，添加网桥的IP 地址。

（6）在弹出的"接口 IP 地址配置"界面中，"IP 地址"输入"172.16.2.110"，"子网掩码"输入"255.255.255.0"，其余参数不变。

（7）确认信息无误后，单击"保存"按钮，显示"提示 IP 插入成功"的提示框。

（8）单击"确定"按钮，返回"增加网桥接口"界面，显示添加的 IP 地址信息。

（9）单击"完成"按钮，返回"网桥接口"列表界面，显示添加的网桥信息。

（10）单击"＋Port 接口"标签页，显示端口列表界面。

（11）双击其中的 GE2 接口，在弹出的"编辑 Port 接口"界面中，"网桥接口"选择添加的 bridge1800。

（12）确认信息无误后，单击"保存"按钮，会显示"更新 Port 成功"的提示框。

（13）单击"确定"按钮，返回"＋Port 接口"列表界面，显示 GE2 接口网桥接口信息已变更。

（14）下载 Web 应用防火墙中自带的防护客户端和发布客户端。由于实验环境限制，防护客户端和发布客户端已提前下载到虚拟机中，在此说明下载软件的位置。单击左侧的"网页防篡改"，在其中显示"防护客户端下载"和"发布客户端下载"两个项目，分别单击对应项目，显示相应的下载页面，如图 2-237 和图 2-238 所示。

（15）登录实验平台对应实验拓扑中右侧的 Web 服务器，如图 2-239 所示。

（16）在虚拟机桌面中已保存两个名称为 wkas 和 wkds 的压缩包，其中，wkas 是防护客户端程序，wkds 是发布客户端程序，如图 2-240 所示。

（17）双击 wkas.zip 压缩包，双击其中的 wkas_space.exe 程序安装软件。如

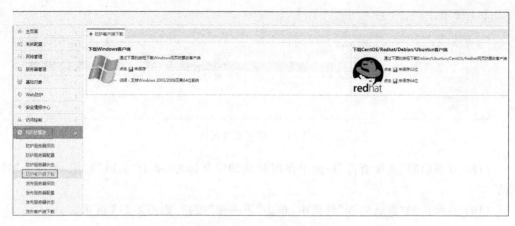

图 2-237 防护客户端下载

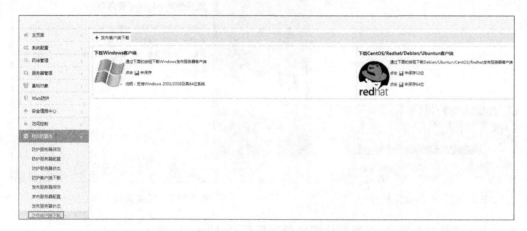

图 2-238 发布客户端下载

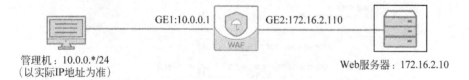

管理机：10.0.0.*/24
（以实际IP地址为准）

Web服务器：172.16.2.10

图 2-239 登录右侧虚拟机

图 2-240 客户端软件

图 2-241 所示。

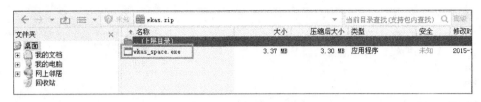

图 2-241　双击安装程序

（18）在弹出的"选择语言"界面中保留默认的中文即可，单击"确定"按钮，如图 2-242 所示。

（19）在弹出的"安装向导"界面中，单击"下一步"按钮，如图 2-243 所示。

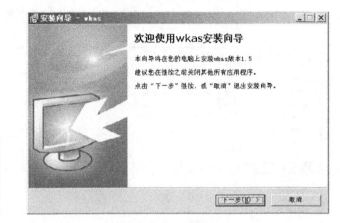

图 2-242　开始安装软件　　　　　　　　　图 2-243　安装向导

（20）选择安装路径，保留默认安装位置即可，如图 2-244 所示。

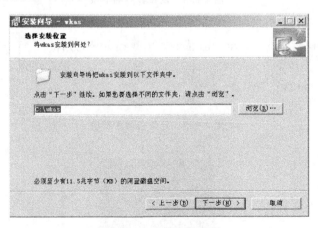

图 2-244　选择安装位置

（21）单击"下一步"按钮，保留默认的快捷方式文件名，如图 2-245 所示。

（22）单击"下一步"按钮，再单击"安装"按钮开始安装，如图 2-246 所示。

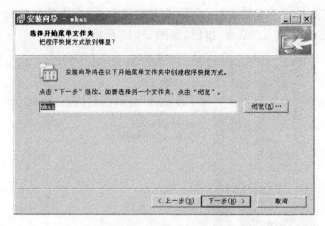

图 2-245　快捷目录名

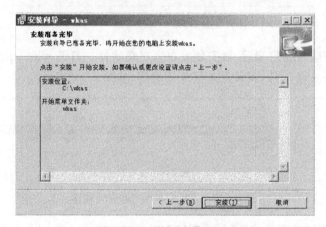

图 2-246　单击"安装"按钮

　　(23) 安装完成后,会弹出"配置选项"的界面,表明安装成功,单击"取消"按钮,后续步骤中再进行进一步配置,如图 2-247 所示。

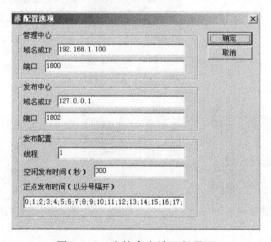

图 2-247　防护客户端运行界面

（24）安装好防护客户端软件后，会要求重启计算机，在本实验中选中"否，稍后我再重启电脑"单选按钮，再单击"结束"按钮，如图 2-248 所示。

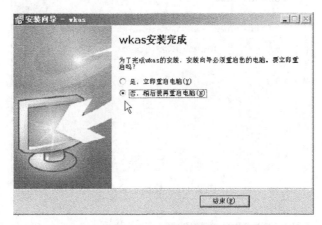

图 2-248　安装结束

（25）安装好防护客户端后，再安装发布客户端软件。打开 wkds.zip 压缩包，运行其中的 wkds_space.exe 软件，安装发布服务器程序，如图 2-249 所示。

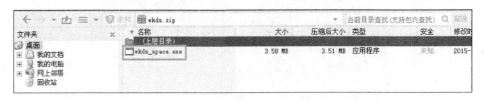

图 2-249　运行发布客户端安装软件

（26）在弹出的"选择语言"界面中保留默认的中文即可，单击"确定"按钮，如图 2-250 所示。

（27）在弹出的"安装向导"界面中，单击"下一步"按钮，如图 2-251 所示。

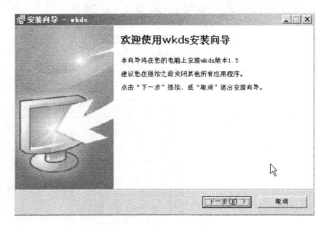

图 2-250　开始安装软件　　　　　　　　　　图 2-251　安装向导

（28）选择安装路径，保持默认安装位置即可，如图 2-252 所示。

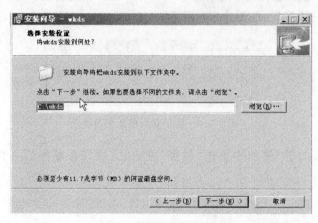

图 2-252 选择安装位置

（29）单击"下一步"按钮，保留默认的快捷方式文件名，如图 2-253 所示。

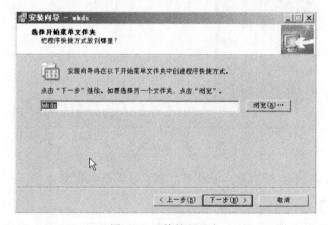

图 2-253 快捷目录名

（30）单击"下一步"按钮，再单击"安装"按钮开始安装，如图 2-254 所示。

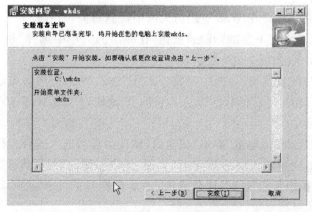

图 2-254 单击"安装"按钮

（31）安装完成后，会弹出 RaySpaceServer 界面，表明安装成功，单击 OK 按钮，后续步骤中再进行进一步配置，如图 2-255 所示。

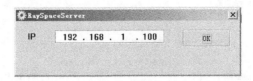

图 2-255　防护客户端运行界面

（32）在"安装向导"界面中单击"结束"按钮，完成发布服务器客户端软件安装，如图 2-256 所示。

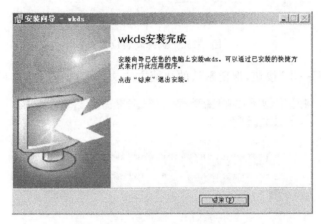

图 2-256　完成软件安装

（33）至此完成 Web 应用防火墙和客户端安装的基础配置。

【实验预期】

（1）配置防护客户端，在 Web 应用防火墙中可检测到防护客户端信息。

（2）配置发布客户端，在 Web 应用防火墙中可检测到发布客户端信息。

【实验结果】

1）配置防护客户端并在 Web 应用防火墙中检测防护客户端

（1）在虚拟机单击左下角的"开始"按钮，在弹出的菜单中选择"所有程序"→wkas→"管理中心配置"命令，如图 2-257 所示。

（2）在弹出的"配置选项"界面中，"域名或 IP"输入 Web 应用防火墙网桥配置中的 IP 地址为"172.16.2.110"。"发布中心"输入本机的 IP 地址为"172.16.2.10"或"127.0.0.1"均可，如图 2-258 所示。

（3）确认信息无误后，单击"确定"按钮后，软件会自动进入后台运行。

（4）返回 Web 应用防火墙的 Web UI 界面，单击左侧的"网页防篡改"→"防护服务器探测"，显示"＋防护服务器探测"列表界面，显示检测到的防护客户端信息，如图 2-259 所示。

图 2-257　运行防护客户端管理中心配置程序

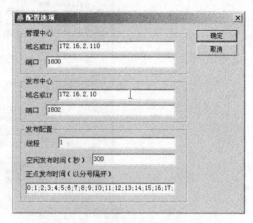

图 2-258　配置防护客户端参数

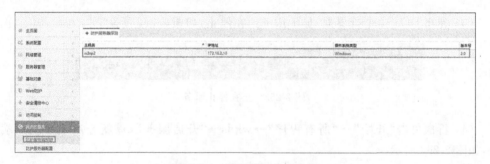

图 2-259　检测到防护客户端

（5）综上所述，Web 应用防火墙检测到返回客户端软件，满足预期要求。

2）配置发布客户端并在 Web 应用防火墙中检测发布客户端

（1）返回实验平台对应实验拓扑中右侧的虚拟机中，继续单击"开始"→"所有程序"→wkds→"管理中心配置"，在弹出的 RaySpaceServer 界面中，IP 输入 Web 应用防火墙 GE2 接口的 IP 地址为"172.16.2.110"，如图 2-260 所示。

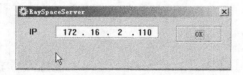

图 2-260　设置管理中心 IP

（2）确认信息无误后，单击 OK 按钮，程序会自动进入后台运行。由于 IP 信息发生变化，因此需要重新启动服务。单击"开始"→"所有程序"→wkds→"停止服务"，将当前运行的服务停止，如图 2-261 所示。

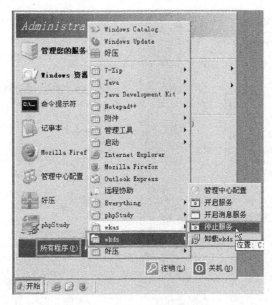

图 2-261　停止发布客户端服务

（3）弹出 DOS 命令行界面，显示服务正在停止，如图 2-262 所示。

图 2-262　正在停止服务

（4）再次单击"开始"→"所有程序"→wkds→"开启服务"，重新开启发布客户端服务，如图 2-263 所示。

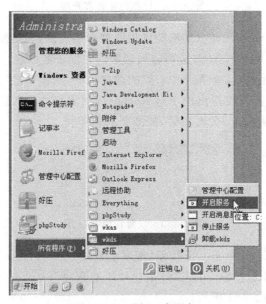

图 2-263　重新开启服务

(5) 返回 Web 应用防火墙的 Web UI 界面中,单击左侧的"网页防篡改"→"发布服务器探测",显示"＋发布服务器探测"列表界面,显示检测到的发布客户端信息,如图 2-264 所示。

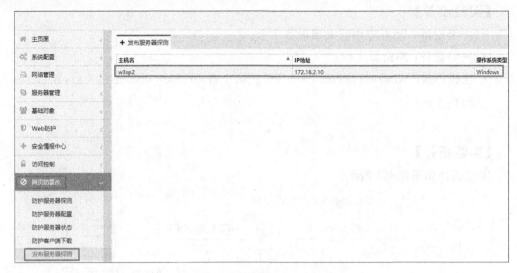

图 2-264　探测到发布服务器信息

(6) 综上所述,防护客户端和发布客户端正确配置后,Web 应用防火墙可检测到客户端运行,满足预期。

【实验思考】

(1) 防护客户端与发布客户端的侧重点有什么不同?

(2) 在本实验中返回客户端和发布客户端部署在同一台主机中,在实际应用中是否可以采用相同方式部署?

2.3.2　Web 应用防火墙网页防篡改实验

【实验目的】

管理员通过配置 Web 应用防火墙中防护服务器和发布服务器配置,实现对 Web 服务器网页的防篡改和发布功能,完成对需要网页防篡改服务的服务器的安全防护。

【知识点】

网页防篡改、网站目录。

【场景描述】

A 公司张经理发现服务器网站的局部内容有变动,经过调查发现网页的内容被篡改。网页被篡改不仅会泄露公司的隐私,也会让客户对公司产生不信任感。因此,张经理要求安全运维工程师小王使用 Web 应用防火墙设备阻止对网页的恶意篡改行为。请思考应如何配置才能有效地防止网页被篡改。

【实验原理】

同 2.3.1 节中的实验原理。

【实验设备】

- 安全设备：Web 应用防火墙设备 1 台。
- 网络设备：路由器 1 台。
- 主机终端：Windows Server 2003 SP2 主机 1 台，Windows XP 主机 1 台，Windows 7 主机 1 台。

【实验拓扑】

实验拓扑如图 2-265 所示。

图 2-265　Web 应用防火墙网页防篡改实验拓扑

【实验思路】

（1）配置 Web 应用防火墙网络接口。

（2）配置发布服务器。

（3）配置防护服务器。

（4）外网用户正常浏览网站页面。

（5）在发布服务器关联目录修改网页后，可同步至网站目录中，外网浏览网站首页为修改后的页面内容。

（6）配置好防护服务器和发布服务器后，外网不能成功攻击网站。关闭防护服务器和发布服务器后，外网攻击网站网页可以篡改成功。

【实验步骤】

（1）在管理机打开浏览器，在地址栏中输入 Web 应用防火墙设备的 IP 地址"https：//10.0.0.1"（以实际设备 IP 地址为准），进入 Web 应用防火墙的登录界面。输入管理员用户名 admin 和密码 admin,登录 Web 应用防火墙。

（2）登录 Web 应用防火墙设备后,显示防火墙的面板界面。单击左侧的"网络管理"
→"网络接口"→"网桥接口",显示当前的网桥接口列表。

（3）单击"＋网桥接口"界面中右上角的"增加＋"按钮,在弹出的"增加网桥接口"界
面中,"网桥号"输入 1800,MTU 和"模式""状态"均保持默认配置。

（4）单击"下一步"按钮,显示"插入并更新网桥成功"的提示框。

（5）单击"确定"按钮后,在"增加网桥接口"界面中,单击"增加＋"按钮,添加网桥的
IP 地址。

（6）在弹出的"接口 IP 地址配置"界面中,"IP 地址"输入"172.16.2.110","子网掩
码"输入"255.255.255.0",其余参数不变。

（7）确认信息无误后,单击"保存"按钮,显示"提示 IP 插入成功"的提示框。

（8）单击"确定"按钮,返回"增加网桥接口"界面,显示添加的 IP 地址信息。

（9）单击"完成"按钮,返回"网桥接口"列表界面,显示添加的网桥信息。

（10）单击"＋Port 接口"标签页,显示端口列表界面。

（11）双击其中的 GE2 接口,在弹出的"编辑 Port 接口"界面中,"网桥接口"选择添加
的 bridge1800。

（12）确认信息无误后,单击"保存"按钮,显示"更新 Port 成功"的提示框。

（13）单击"确定"按钮,返回"＋Port 接口"列表界面,显示 GE2 接口网桥接口信息已
变更。

（14）再次双击其中的 GE3 接口,在弹出的"编辑 Port 接口"界面中,"网桥接口"选择
添加的 bridge1800。

（15）确认信息无误后,单击"保存"按钮,显示"更新 Port 成功"的提示框。

（16）单击"确定"按钮,返回"＋Port 接口"列表界面,显示 GE2、GE3 接口网桥接口
信息已变更。

（17）下载 Web 应用防火墙中自带的防护客户端和发布客户端。由于实验环境限
制,防护客户端和发布客户端已提前下载到虚拟机中,在此说明下载软件的位置。单击左
侧的"网页防篡改",在其中显示"防护客户端下载"和"发布客户端下载"两个项目,分别单
击对应项目,显示相应的下载页面,如图 2-266 和图 2-267 所示。

（18）登录实验平台对应实验拓扑中右侧的 Web 服务器虚拟机,如图 2-268 所示。

（19）在虚拟机桌面中已安装防护客户端和发布客户端。单击"开始"→"所有程序"
→wkas→"管理中心配置",在弹出的"配置选项"界面中,可查看防护客户端的配置信息,
如图 2-269 所示。

（20）单击"确定"按钮,程序自动进入后台运行。再次单击"开始"→"所有程序"→
wkds→"管理中心配置",在弹出的 RaySpaceServer 界面中,显示发布客户端的配置信息,
如图 2-270 所示。

图 2-266　防护客户端下载

图 2-267　发布客户端下载

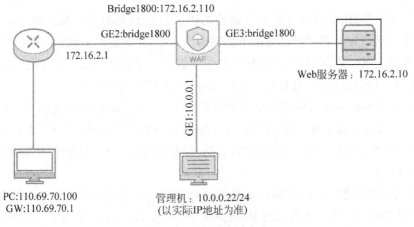

图 2-268　登录右侧虚拟机

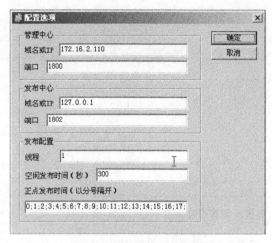

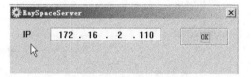

图 2-269　防护客户端配置　　　　　图 2-270　发布客户端配置

（21）单击 OK 按钮，程序进入后台运行。在本实验中，虚拟机"C:\Inetpub\wwwroot"为网站根目录，为需要防篡改保护的目录。虚拟机"C:\publish"为发布客户端的配置目录，网站页面修改后的文件放在该目录中，由发布程序同步到网站根目录中，该目录中文件内容与网站根目录中文件内容是相同的，如图 2-271 所示。

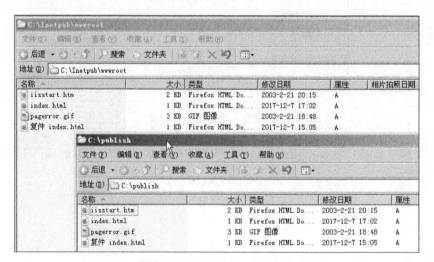

图 2-271　网站根目录与发布目录相同

（22）首先配置发布服务器。返回 Web 应用防火墙的 Web UI 界面中，单击左侧的"网页防篡改"→"发布服务器探测"，在"＋发布服务器探测"列表界面，显示检测到的发布客户端信息，如图 2-272 所示。

（23）在"＋发布服务器探测"界面中，单击探测到的发布服务器 w3sp2，然后再单击右上角的"生成配置＋"按钮，在弹出的"发布服务器配置"界面中，"名称"输入 publish（注意不能使用中文），"发布服务器根目录"输入虚拟机的发布目录"C:\publish"，如图 2-273 所示。

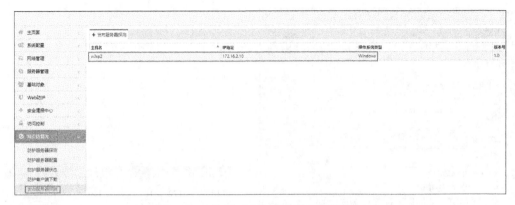

图 2-272　检测到发布服务器客户端信息

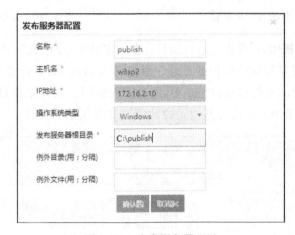

图 2-273　发布服务器配置

（24）确认信息无误后，单击"确认"按钮，显示"增加发布服务器成功"的提示框，如图 2-274 所示。

图 2-274　增加发布服务器成功

（25）单击"确定"按钮，返回"＋发布服务器探测"列表界面，由于探测到发布服务器已经配置完毕，因此在列表界面中不再显示，如图 2-275 所示。

（26）单击左侧的"网页防篡改"→"发布服务器配置"，在"＋发布服务器配置"列表中可见添加的发布服务器信息，如图 2-276 所示。

（27）单击"网页防篡改"→"发布服务器状态"，在"＋发布服务器状态"列表中，可见发布服务器已连接成功，如图 2-277 所示。

（28）单击"网页防篡改"→"防护服务器探测"，在"＋防护服务器探测"列表界面中，

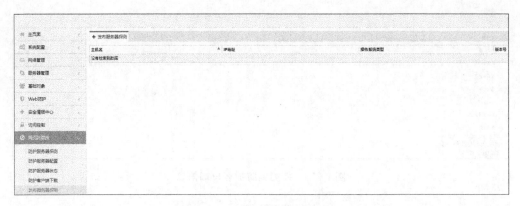

图 2-275　发布服务器探测列表

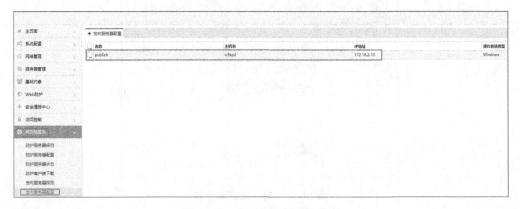

图 2-276　发布服务器配置信息

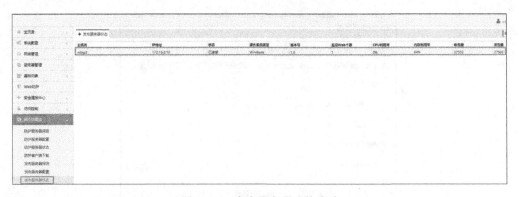

图 2-277　发布服务器连接成功

显示探测到的防护客户端信息,如图 2-278 所示。

(29) 在"＋防护服务器探测"列表界面,单击探测到的防护客户端 w3sp2,再单击右上角的"生成规则＋"按钮,在弹出的"防护服务器配置"界面中,"Web 名称"输入 Web-Server(不要使用中文),其他参数保留默认值,如图 2-279 所示。

(30) 单击"下一步"按钮,在"Web 根目录"中输入虚拟机的网站根目录"C:\Inetpub\

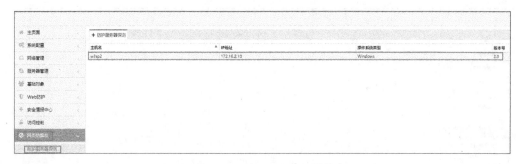

图 2-278　探测到防护客户端信息

图 2-279　配置防护服务器

wwwroot"(注意输入区分大小写),其余参数不变,如图 2-280 所示。

图 2-280　设置网站根路径

(31) 单击"下一步"按钮,"发布服务器"设置为前述步骤添加的 publish,如图 2-281 所示。

(32) 单击"完成"按钮,显示"增加防护服务器成功"的提示框,如图 2-282 所示。

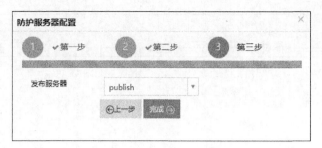

图 2-281　关联发布服务器

图 2-282　增加防护服务器成功

　　(33) 单击"确定"按钮,返回"＋防护服务器探测"列表界面,由于探测到的防护客户端已配置完毕,因此在列表中没有相关内容显示,如图 2-283 所示。

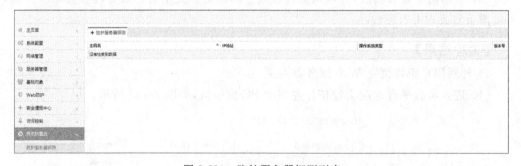

图 2-283　防护服务器探测列表

　　(34) 单击"网页防篡改"→"防护服务器配置",在"＋防护服务器配置"列表界面,可见添加的防护服务器信息,如图 2-284 所示。

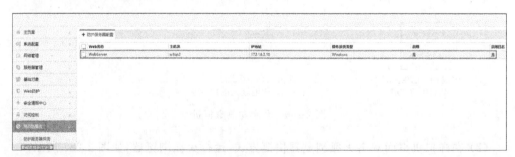

图 2-284　防护服务器配置信息

　　(35) 单击"网页防篡改"→"防护服务器状态",在"＋防护服务器状态"列表界面中,可见防护服务器已连接成功,如图 2-285 所示。

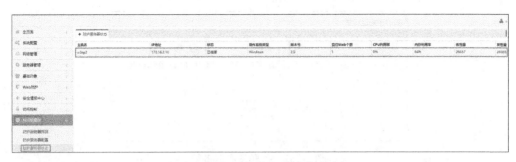

图 2-285　防护服务器连接成功

（36）至此已完成 Web 应用防火墙和客户端的基础配置。

【实验预期】

（1）外网用户访问 Web 服务器可正常浏览页面。

（2）在发布服务器关联目录修改网页，可同步至网站根目录中，外网用户浏览网站页面变更为修改后的网页。

（3）启动防护服务器后，外网网页篡改攻击不成功。关闭防护服务器和发布服务器，外网网页篡改攻击可以成功。

【实验结果】

1）外网用户正常浏览 Web 服务器网页

（1）进入实验平台对应实验拓扑左侧的 PC 虚拟机，如图 2-286 所示。

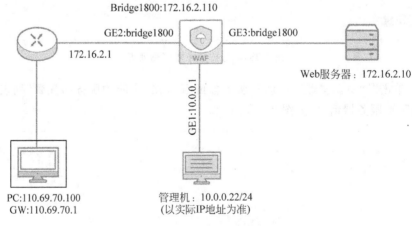

图 2-286　登录左侧虚拟机

（2）在虚拟机桌面双击火狐浏览器快捷方式，运行火狐浏览器，如图 2-287 所示。

（3）在浏览器地址栏中输入 Web 服务器的 IP 地址"172.16.2.10"，可正常显示网站页面，如图 2-288 所示。

（4）综上所述，外网用户可正常浏览网站页面，满足预期要求。

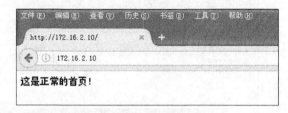

图 2-287　运行火狐浏览器　　　　　图 2-288　正常浏览网站页面

2）修改发布服务器关联目录中的网页内容，同步至网站目录中并可正常浏览

（1）进入实验平台对应实验拓扑中右侧的 Web 服务器虚拟机中，如图 2-289 所示。

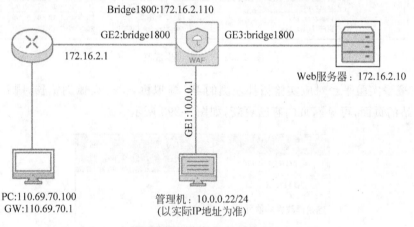

图 2-289　登录右侧虚拟机

（2）在虚拟机中进入"C:\publish"目录中，右击 index.html 文件，在弹出的快捷菜单中选择"编辑"命令，如图 2-290 所示。

（3）在打开的"记事本"界面中，将网页内容由原来的"这是正常的首页"修改为"这是修改后的首页"，如图 2-291 所示。

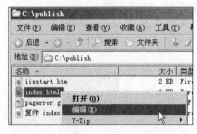

图 2-290　编辑 index.html 文件　　　　　图 2-291　修改网页内容

（4）保存后，比较"C:\publish"和"C:\Inetpub\wwwroot"目录中 index.html 的文件，可见两个文件已同步，如图 2-292 所示。

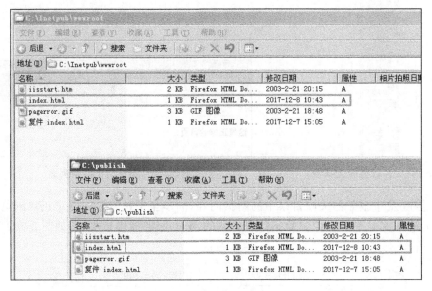

图 2-292　文件同步成功

（5）登录实验平台对应实验拓扑左侧的 PC 虚拟机，运行火狐浏览器，刷新"172.16.2.10"网站的页面，可见网页内容已更新，如图 2-293 所示。

图 2-293　网站页面已更新

（6）综上所述，发布服务器关联目录中内容修改后，可同步至网站目录中，满足预期要求。

3）在网页防篡改服务启动时，外网网页篡改攻击不成功

（1）进入实验平台对应实验拓扑左侧的 PC 虚拟机，如图 2-294 所示。

（2）在虚拟机桌面上，双击"首页篡改攻击.bat"的快捷方式，攻击 Web 服务器，如图 2-295 所示。

（3）运行攻击程序后，显示发起攻击的页面，如图 2-296 所示。

（4）再次打开火狐浏览器，刷新"172.16.2.10"的网页，网页依然显示 2.3.2 节中的网页内容，网页篡改攻击未成功，如图 2-297 所示。

（5）综上所述，在网页防篡改功能能开启时，外网对网站发起攻击后未能篡改网站页面，满足预期要求。

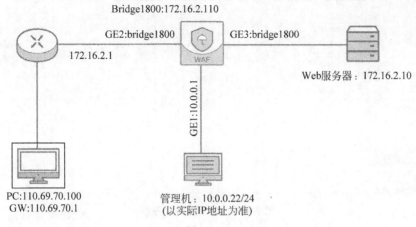

图 2-294　登录左侧虚拟机

图 2-295　运行网页攻击程序　　　　　　图 2-296　发起网页篡改攻击

图 2-297　首页未被篡改

4) 关闭网页防篡改服务,外网网页篡改攻击成功

(1) 返回 Web 应用防火墙的 Web UI 界面,单击左侧的"网页防篡改"→"防护服务器配置",在"＋防护服务器配置"列表界面,单击前述步骤配置的 WebServer,再单击右上角的"删除×"按钮,将该配置删除,如图 2-298 所示。

(2) 在弹出的"确认要这样做吗?"提示框中,单击 OK 按钮,如图 2-299 所示。

(3) 单击 OK 按钮后,会弹出"删除防护服务器配置成功"的提示框,如图 2-300 所示。

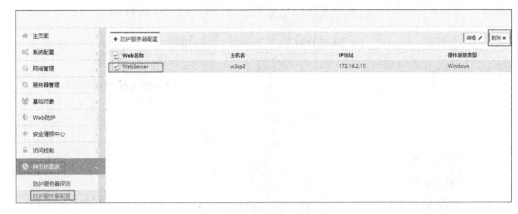

图 2-298　删除防护服务器

图 2-299　确认删除

图 2-300　删除成功

（4）单击"确定"按钮，返回"＋防护服务器配置"界面，内容已清空，如图 2-301 所示。

图 2-301　防护服务器列表

（5）单击"网页防篡改"→"发布服务器配置"，在"＋发布服务器配置"界面，单击publish，再单击右上角的"删除×"按钮，如图 2-302 所示。

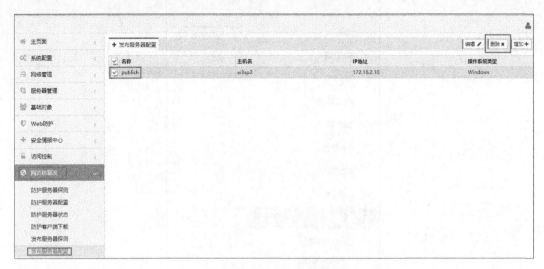

图 2-302　删除发布服务器

（6）单击"删除×"按钮后，会弹出"确认要这样做吗？"的提示框，如图 2-303所示。

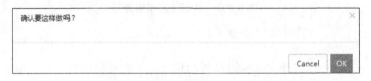

图 2-303　确认删除发布服务器

（7）单击 OK 按钮，弹出"删除发布服务器成功！"的提示框，如图 2-304 所示。

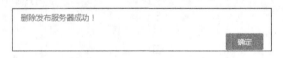

图 2-304　删除发布服务器成功

（8）单击"确定"按钮，返回"＋发布服务器配置"列表界面，已没有发布服务器的信息，如图 2-305 所示。

（9）进入实验平台对应实验拓扑左侧的 PC 虚拟机，如图 2-306 所示。

（10）在虚拟机桌面上，双击"首页篡改攻击.bat"的快捷方式，攻击 Web 服务器，如图 2-307 所示。

（11）运行攻击程序后，显示攻击成功的页面，如图 2-308 所示。

（12）再次打开火狐浏览器，刷新"172.16.2.10"的网页，可见网页已被篡改成功，如图 2-309 所示。

图 2-305　已删除发布服务器

图 2-306　登录左侧虚拟机

图 2-307　运行网页攻击程序　　　　图 2-308　发起网页篡改攻击

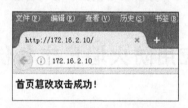

图 2-309　首页篡改攻击成功

（13）综上所述，在防护客户端和发布客户端删除后，外网用户可对 Web 服务器进行篡改，满足预期。

【实验思考】

（1）如果防篡改功能仅使用发布服务器是否可以起到防护作用？

（2）对于动态网页是否可以实现网页防篡改？

第 3 章

Web 应用防火墙日志管理与分析

在完成 Web 应用防火墙的基本配置和功能外,还需掌握 Web 应用防火墙的日志分析,通过日志分析获取 Web 应用防火墙日志管理和攻击溯源分析的信息,根据获取的信息对 Web 应用防火墙的配置进行更新,从而达到更好的防护效果。

Web 应用防火墙日志管理与分析实验包括日志备份及恢复、审计日志管理以及 Web 攻击溯源分析三个实验。

3.1 Web 应用防火墙日志备份及恢复实验

【实验目的】

管理员通过配置 Web 应用防火墙的备份日志功能,可以使防火墙在任何时间恢复至备份前的数据状态。

【知识点】

手动备份、自动备份、备份恢复。

【场景描述】

安全运维工程师小王在对徒弟小黄进行 Web 应用防火墙设备技术培训时讲到了日志备份功能。日志系统完整地记录了流经 Web 应用防火墙设备的数据信息。请思考应如何备份 Web 应用防火墙的日志。

【实验原理】

在 Web 应用防火墙中,备份日志的方式有两种:手工备份和自动备份。这两种备份方式都可以有效地保存 Web 应用防火墙当下的数据信息,不同的是,自动备份的功能更强大,它可以自动定时备份日志的时间。管理员可以单击"日志系统"→"备份日志",进入"＋备份日志"界面后,选择"手动备份"或"自动备份"功能;单击"系统配置"→"备份恢复",进入"＋备份恢复"界面后,导入备份文件并恢复至防火墙某一时间点的状态。

【实验设备】

• 安全设备:Web 应用防火墙设备 1 台。

- 主机终端：Windows Server 2003 SP1 主机 1 台，Windows XP SP3 主机 1 台，Windows 7 主机 1 台。

【实验拓扑】

实验拓扑图 3-1 所示。

图 3-1　Web 应用防火墙日志备份及恢复实验拓扑

【实验思路】

(1) 手动备份日志。

(2) 导出日志文件。

(3) 实验虚拟机访问 CMS 服务器网站。

(4) 导入备份文件。

(5) 恢复备份文件记录的防火墙状态。

【实验步骤】

(1) 在管理机本地机打开浏览器，在地址栏中输入 Web 应用防火墙产品的 IP 地址 "https：//10.0.0.1"（以实际设备 IP 地址为准），进入 Web 应用防火墙的登录界面。输入管理员用户名 admin 和密码 admin，单击"登录"按钮，登录 Web 应用防火墙。

(2) 登录 Web 应用防火墙设备后，会显示它的面板界面。单击面板左侧导航栏中的 "日志系统"→"备份日志"。在"备份日志"界面中，单击"手工备份＋"按钮，开始备份 Web 应用防火墙的信息，如图 3-2 所示。

(3) 在弹出的界面中，显示"备份数据库成功"，如图 3-3 所示。

(4) 单击"确定"按钮，返回"备份日志"界面，发现备份记录。单击此备份文件右侧 "操作"列的"导出"按钮，导出备份文件，如图 3-4 所示。

(5) 在弹出的"正在打开…"界面中，设置保存的位置为"桌面"，如图 3-5 所示。

(6) 单击"确定"按钮，在桌面发现此备份文件，如图 3-6 所示。

【实验预期】

导入备份文件并恢复备份，防火墙恢复到配置前的状态。

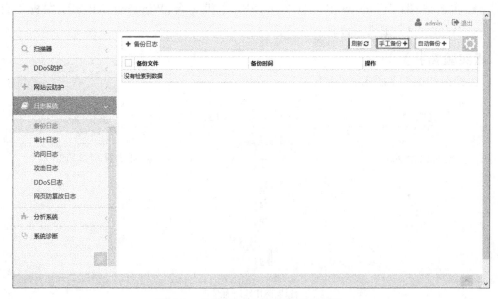

图 3-2　备份 Web 应用防火墙的信息

图 3-3　备份成功

图 3-4　导出备份文件

图 3-5 设置文件的保存位置   图 3-6 成功导出备份文件

【实验结果】

（1）在管理机本地机打开浏览器，在地址栏中输入 Web 应用防火墙产品的 IP 地址 "https：//10.0.0.1"（以实际设备 IP 地址为准），进入 Web 应用防火墙的登录界面。输入管理员用户名 admin 和密码 admin，单击"登录"按钮，登录 Web 应用防火墙。在面板界面中，单击"主界面"→"系统信息"。在"接口实时信息"界面中，发现 GE2 的发包量为 31，如图 3-7 所示。

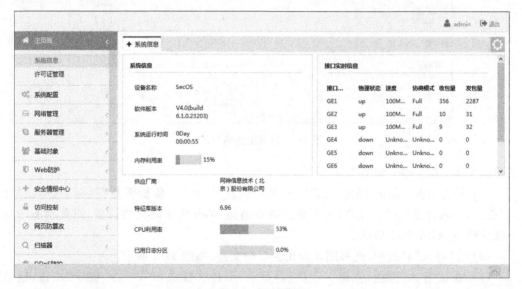

图 3-7 系统信息

（2）进入实验平台对应的实验拓扑，单击左侧的 PC，进入虚拟机，如图 3-8 所示。

（3）在虚拟机打开火狐浏览器，在地址栏中输入"172.16.2.100"，成功访问服务器网站，如图 3-9 所示。

（4）切换到 Web 应用防火墙界面，单击"主界面"→"系统信息"，发现 GE2 接口的发

图 3-8　进入实验虚拟机

图 3-9　访问服务器网站

包量改变了,变为930,如图 3-10 所示。

　　(5) 单击面板左侧的"系统配置"→"备份恢复"。在"＋备份恢复"界面中,单击"导入"按钮,导入备份文件。注意,可以事先备份当前 Web 应用防火墙设备,以免当前的状态无法恢复,如图 3-11 所示。

　　(6) 在"导入"界面中,选择刚才导出的备份文件,如图 3-12 所示。

　　(7) 单击"导入"按钮,弹出一个界面,显示"上传文件成功",单击"确定"按钮,返回"＋备份恢复"界面。在"＋备份恢复"界面中,发现存在一个备份文件,勾选它,单击"恢复"按钮,如图 3-13 所示。

　　(8) 在"恢复到备份点"界面中,查看恢复的信息,单击"恢复"按钮,如图 3-14 所示。

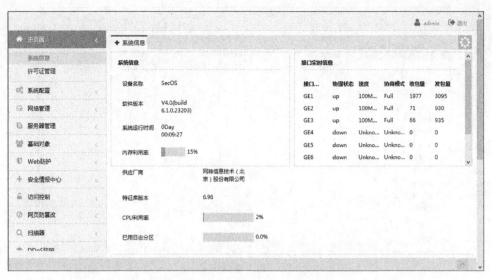

图 3-10　查看 GE2 接口发包量

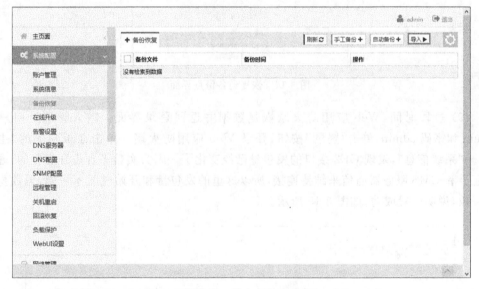

图 3-11　导入备份文件

图 3-12　设置导入文件

图 3-13　备份恢复

图 3-14　恢复到备份点界面

（9）过段时间，Web 应用防火墙恢复数据并返回登录界面。输入管理员用户名 admin 和密码 admin，单击"登录"按钮，登录 Web 应用防火墙。单击面板左侧的"主界面"→"系统信息"，发现 GE2 接口的发包量已经变化了。因为实验平台是开启着的，虚拟机还会和 CMS 服务器通信来维持连接，所以这里的发包量和开始时的不一样，但数量基本一致，说明配置成功，如图 3-15 所示。

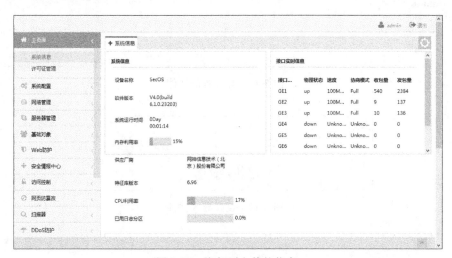

图 3-15　恢复到之前的状态

【实验思考】

(1) 怎样设置可以自动备份数据?

(2) 怎样设置使得系统可以每月备份一次数据?

3.2　Web 应用防火墙审计日志管理实验

【实验目的】

管理员通过查看 Web 应用防火墙的审计日志能够了解登录 Web 应用防火墙的主机源 IP 地址、登录方式、登录人员对 Web 应用防火墙操作的内容以及该操作内容的具体时间。

管理员通过查看 Web 应用防火墙的访问日志能够了解访问发生的日志、时间、源IP、源端口、站点域名/IP、目的 URL 等信息。

【知识点】

审计日志、访问日志。

【场景描述】

近日,领导要求安全运维工程师小王关注一下最近都有什么人员登录 Web 应用防火墙,以免一些未授权的用户非法登录设备。另外还需要查看一下 Web 服务器的访问情况。请思考应如何操作。

【实验原理】

审计日志主要用来记录操作员的登录方式、源 IP 地址、操作内容以及进行该操作内容的具体时间,系统支持分页查看,并按照时间先后自动排序。访问日志主要用来记录访问发生的日期和时间、源 IP 和源端口、站点域名/IP、目的 URL 和参数,系统支持分页查看,并按照时间先后自动排序。管理员可在"日志系统"中查看审计日志和访问日志。

【实验设备】

- 安全设备:Web 应用防火墙设备 1 台。
- 主机终端:Kali 2.0 主机 1 台,Windows 2003 SP2 主机 1 台,Windows 7 主机 1 台。

【实验拓扑】

实验拓扑如图 3-16 所示。

【实验思路】

(1) 添加 Web 防护规则。

(2) 添加 Web 防护模板,引用防护规则。

(3) 添加 Web 防护策略,引用防护模板。

(4) 清空访问日志。

图 3-16　Web 应用防火墙审计日志管理实验拓扑

（5）添加审计日志。

【实验步骤】

（1）在管理机打开浏览器，在地址栏中输入 Web 应用防火墙产品的 IP 地址"https：//10.0.0.1"（以实际设备 IP 地址为准），进入 Web 应用防火墙的登录界面。输入管理员用户名 admin 和密码 admin，单击"登录"按钮，登录 Web 应用防火墙。

（2）登录 Web 应用防火墙设备后，会显示它的面板界面。单击面板左侧导航栏中的"网络管理"→"网络接口"，单击"网桥接口"。在"网桥接口"界面中，单击"增加＋"按钮，增加网桥接口。

（3）在"增加网桥接口"界面中，除默认网桥号 1 保留作为管理网桥外，输入一个不重复的网桥号即可，本实验中输入"网桥号"为 12，其他保持默认配置。

（4）单击"下一步"按钮，在弹出的增加网桥成功界面中单击"确定"按钮，再单击"完成"按钮，添加网桥接口。

（5）单击上方的"＋Port 接口"。在"Port 接口"界面中，双击 GE2 接口。

（6）在"编辑 Port 接口"界面中，设置"网桥接口"为 bridge12，其他保持默认配置。

（7）单击"保存"按钮，在弹出的更新成功界面中单击"确定"按钮。同样，在"Port 接口"界面中，双击 GE3 接口。在"编辑 Port 接口"界面中，设置"网桥接口"为 bridge12，其他保持默认配置。

（8）单击"保存"按钮，在弹出的更新成功界面中单击"确定"按钮。返回"Port 接口"界面，检查 GE2、GE3 的配置信息。

（9）单击面板左侧导航栏中的"服务器管理"→"普通服务器管理"，在"HTTP 服务器"界面中，单击"增加＋"按钮，增加服务器。

（10）在"编辑 HTTP 服务器"界面中，输入"服务器名称"为"测试服务器"，"IP 地址"为"172.16.2.100/24"，"端口"为 80，设置"部署模式"为"串联"，"防护模式"为"代理模式"，"接口"为 bridge12，勾选"启用"复选框。

（11）单击"保存"按钮，在弹出的操作成功界面中单击"确定"按钮，关闭"编辑 HTTP

服务器"界面,返回"HTTP 服务器"列表界面,可见已添加的 HTTP 服务器信息。

（12）单击面板左侧导航栏中的"Web 防护"→"Web 防护模板",在"Web 防护模板"界面中单击"添加＋"按钮,添加防护模板。

（13）在"增加 Web 防护模板"界面中,输入"名称"为"防护模板",其他保持默认配置。

（14）单击"保存"按钮,在弹出的配置成功界面中单击"确定"按钮,返回"Web 防护模板"界面,检查增加的防护模板。

（15）单击面板左侧导航栏中的"Web 防护"→"Web 防护策略",在"Web 防护策略"界面中,单击"增加＋"按钮,增加防护策略。

（16）在"增加 Web 防护策略"界面中,输入"名称"为"防护策略",将"Web 防护模板"设置为"防护模板","访问日志"设置为"开启",其他保持默认配置。

（17）单击"保存"按钮,在弹出的配置成功界面中单击"确定"按钮,返回"Web 防护策略"界面,可见添加的防护策略。

（18）单击面板左侧导航栏中的"日志系统"→"访问日志",在"访问日志"界面中,单击"清空"按钮,清空日志,如图 3-17 所示。

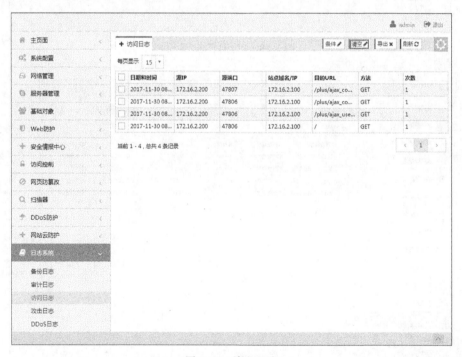

图 3-17　清空日志

（19）在弹出的确定界面中单击 OK 按钮,在操作成功界面中单击"确定"按钮,返回"访问日志"界面中,可见所有日志已经被清空,如图 3-18 所示。

（20）单击面板左侧导航栏中的"日志系统"→"审计日志",在"审计日志"界面中,单击"清空"按钮,清空日志,如图 3-19 所示。

（21）在弹出的确定界面中单击 OK 按钮,在弹出的操作成功界面中单击"确定"按

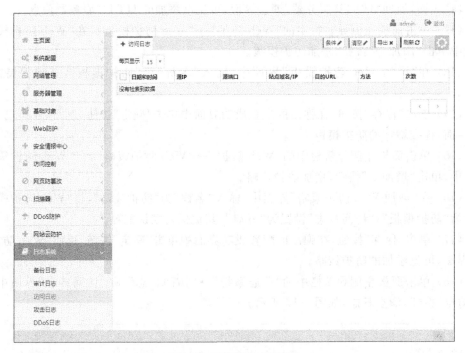

图 3-18 "访问日志"界面

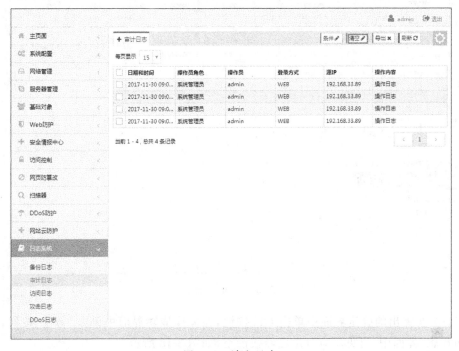

图 3-19 清空日志

钮,返回"审计日志"界面,可见除了本次登录的一条日志保留着,其他日志记录已经被删除,如图 3-20 所示。

图 3-20 "审计日志"界面

【实验预期】

查看审计日志和访问日志。

【实验结果】

1) 查看审计日志

(1) 在管理机打开浏览器,在地址栏中输入 Web 应用防火墙产品的 IP 地址 "https://10.0.0.1"(以实际设备 IP 地址为准),进入 Web 应用防火墙的登录界面。输入管理员用户名 admin 和口令 admin,单击"登录"按钮,登录 Web 应用防火墙。在面板界面中,单击左侧导航栏中的"日志系统"→"审计日志"。在"审计日志"界面中,可见登录 Web 应用防火墙设备的人员的信息,如图 3-21 所示。

(2) 双击选中的日志,可见详细信息:"操作员"为 admin,"源 IP"为"192.168.33.89"(此处 IP 地址仅为示例,请以实际 IP 地址为准,此处 IP 即为登录管理 Web 应用防火墙设备的学生机的 IP 地址)等,单击"细节"右上角的"×"按钮,返回"审计日志"界面,符合预期要求,如图 3-22 所示。

2) 查看访问日志

(1) 登录实验平台中对应实验拓扑左侧的 PC,进入虚拟机,如图 3-23 所示。

(2) 如需输入登录密码,则输入 123456。在虚拟机打开终端,如图 3-24 所示。

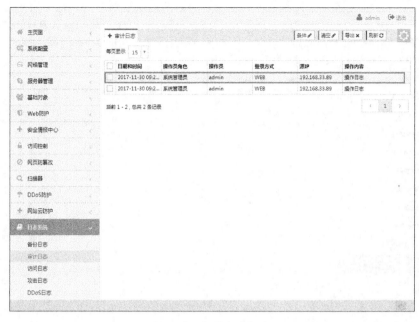

图 3-21　查看审计日志

图 3-22　查看日志详细信息

图 3-23　登录左侧虚拟机

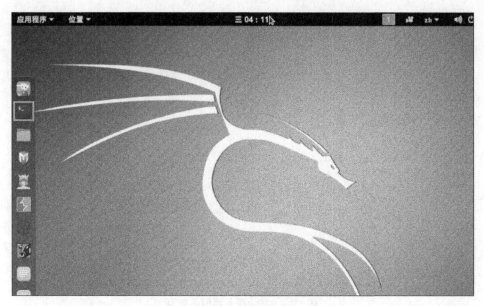

图 3-24　打开终端

（3）在终端中，输入命令 firefox 并按 Enter 键，打开火狐浏览器，如图 3-25 所示。

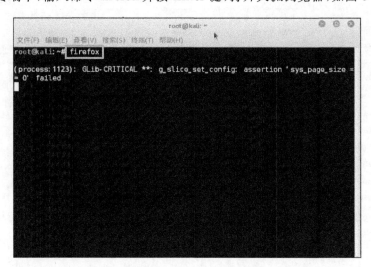

图 3-25　打开火狐浏览器

（4）在浏览器地址栏中输入 Web 服务器的 IP 地址"172.16.2.100"，成功访问 Web 服务器网站首页，如图 3-26 所示。

（5）在管理机打开浏览器，在地址栏中输入 Web 应用防火墙产品的 IP 地址 "https：//10.0.0.1"（以实际设备 IP 地址为准），进入 Web 应用防火墙的登录界面。输入管理员用户名 admin 和密码 admin，单击"登录"按钮，登录 Web 应用防火墙。单击面板左侧导航栏中的"日志系统"→"访问日志"，可见产生的访问日志，如图 3-27 所示。

（6）双击选中的日志。在"细节"界面中，可见详细信息："访问目标"为"172.16.2.

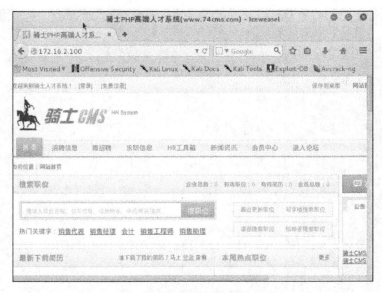

图 3-26　登录服务器网站首页

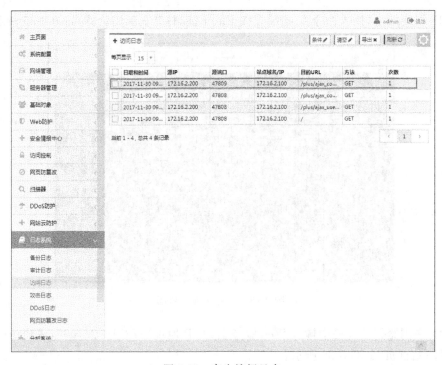

图 3-27　产生访问日志

100","方法"为 GET 等。单击右上方的"×"按钮,返回"访问日志"界面,符合预期要求,如图 3-28 所示。

图 3-28　"细节"界面

【实验思考】

如何操作可以导出访问日志？

3.3　Web 应用防火墙 Web 攻击溯源分析实验

【实验目的】

管理员可以查看日志系统中的攻击日志以及 DDoS 日志，了解攻击发生时间、入侵 IP、入侵端口、被攻击 IP 和被攻击端口等信息。

【知识点】

攻击日志、DDoS 日志。

【场景描述】

安全运维工程师小王在 Web 应用防火墙上发现有恶意攻击者对 Web 服务器进行爬虫和 HTTP Flood 的攻击的迹象，他想了解攻击者的攻击信息，请思考应如何操作。

【实验原理】

攻击日志主要用来记录各类攻击发生的日期和时间、源 IP 和源端口、站点域名/IP、目的 URL、参数、方法、攻击类型和攻击域，系统支持分页查看，并按照时间先后自动排序。

DDoS 日志主要用来记录 DDoS 攻击发生的日期和时间、入侵 IP、入侵端口、被攻击 IP 和被攻击端口，系统支持分页查看，并按照时间先后自动排序。

【实验设备】

• 安全设备：Web 应用防火墙设备 1 台。

- 主机终端：Windows 2003 SP2 主机 1 台，Windows XP SP3 主机 1 台，Windows 7
  主机 1 台。

【实验拓扑】

实验拓扑如图 3-29 所示。

图 3-29　Web 应用防火墙 Web 攻击溯源分析实验拓扑

【实验思路】

(1) 添加 HTTP 防护规则。

(2) 添加 HTTP 防护模板，引用 HTTP 防护规则。

(3) 添加 HTTP 防护策略，引用 HTTP 防护模板。

(4) 添加爬虫防护规则。

(5) 添加爬虫防护模板，引用爬虫防护规则。

(6) 添加爬虫防护策略，引用爬虫防护模板。

【实验步骤】

(1) 在管理机打开浏览器，在地址栏中输入 Web 应用防火墙产品的 IP 地址
"https：//10.0.0.1"（以实际设备 IP 地址为准），进入 Web 应用防火墙的登录界面。输
入管理员用户名 admin 和密码 admin，单击"登录"按钮，登录 Web 应用防火墙。

(2) 登录 Web 应用防火墙设备后，会显示它的面板界面。

(3) 单击面板左侧导航栏中的"网络管理"→"网络接口"，单击"网桥接口"。

(4) 在"增加网桥接口"界面中，除默认网桥号 1 保留作为管理网桥外，输入一个不重
复的网桥号即可，本实验中输入"网桥号"为 12，其他保持默认配置。

(5) 单击"下一步"按钮，在弹出的增加网桥成功界面中单击"确定"按钮，再单击"完
成"按钮，添加网桥接口。

(6) 单击上方的"＋Port 接口"。在"Port 接口"界面中，双击 GE2 接口。

(7) 在"编辑 Port 接口"界面中，设置"网桥接口"为 bridge12，其他保持默认配置。

(8) 单击"保存"按钮，在弹出的更新成功界面中单击"确定"按钮。同样，在"Port 接
口"界面中，双击 GE3 接口。在"编辑 Port 接口"界面中，设置"网桥接口"为 bridge12，其

他保持默认配置。

(9) 单击"保存"按钮,在弹出的更新成功界面中单击"确定"按钮。返回"Port 接口"界面中,检查 GE2、GE3 的配置信息。

(10) 单击面板左侧导航栏中的"服务器管理"→"普通服务器管理",单击上方的"HTTP 服务器"。在"HTTP 服务器"界面中,单击"增加＋"按钮,增加服务器。

(11) 在"编辑 HTTP 服务器"界面中,输入"服务器名称"为"测试服务器","IP 地址"为"172.16.2.100/24","端口"为 80,设置"部署模式"为"串联","防护模式"为"代理模式","接口"为 bridge12,勾选"启用"复选框。

(12) 单击"保存"按钮,在弹出的操作成功界面中单击"确定"按钮,关闭"编辑 HTTP 服务器"界面,返回"HTTP 服务器"列表界面,检查已添加的 HTTP 服务器信息。

(13) 单击面板左侧导航栏中的"DDoS 防护"→"DDoS 防护规则",选择"HTTP 防护规则"。在"HTTP Flood 攻击防护"界面中,单击"增加＋"按钮,如图 3-30 所示。

图 3-30　增加 UDP 防护规则

(14) 在"增加 HTTP Flood 攻击防护规则"界面中,输入"名称"为"HTTP 防护规则",如图 3-31 所示。

图 3-31　"增加 HTTP Flood 攻击防护规则"界面

(15) 单击"保存"按钮,在弹出的操作成功界面中单击"确定"按钮,返回"增加 HTTP

Flood 攻击防护规则"界面,单击"增加＋"按钮,增加防护规则,如图 3-32 所示。

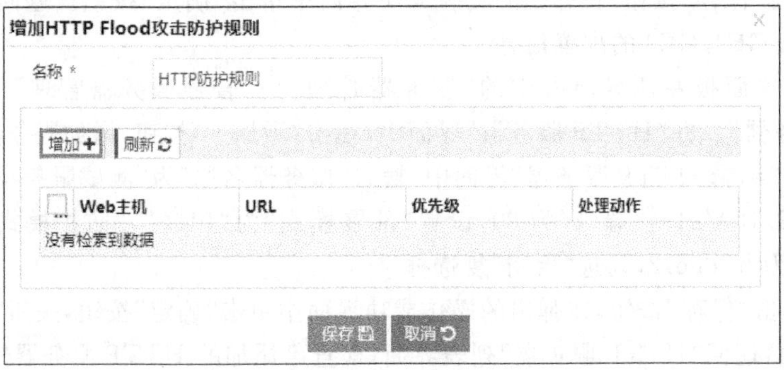

图 3-32　增加防护规则

（16）在"增加 HTTP Flood 攻击防护规则条目"界面中,将"处理动作"设置为"封禁",其他保持默认配置,如图 3-33 所示。

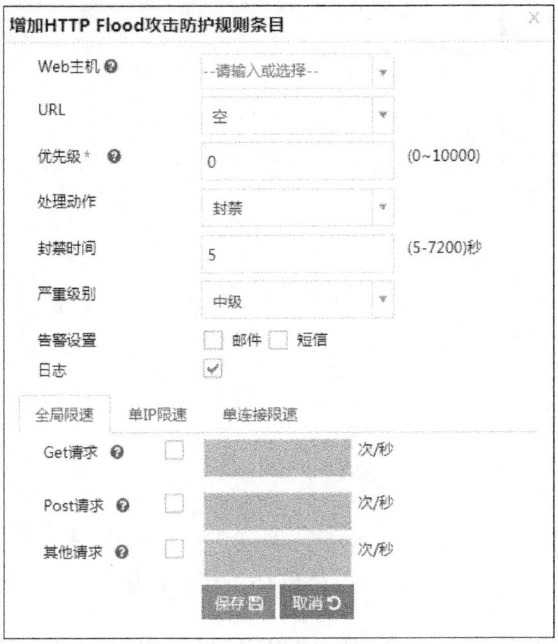

图 3-33　设置防护规则条目

（17）单击"保存"按钮,在弹出的操作成功界面中单击"确定"按钮,返回"增加 HTTP Flood 攻击防护规则"界面,单击"保存"按钮,在操作成功界面中单击"确定"按钮,返回"HTTP Flood 攻击防护"界面,可见增加的防护规则,如图 3-34 所示。

（18）依次单击"DDoS 防护"→"DDoS 防护模板",在"DDoS 防护模板"界面中,单击"增加＋"按钮,增加防护模板,如图 3-35 所示。

（19）在"增加 DDoS 防护模板"界面中,输入"名称"为"HTTP 防护模板",将"类型"设置为"HTTP 防护",单击"HTTP 防护规则"标签页,"HTTP Flood 攻击防护规则"设

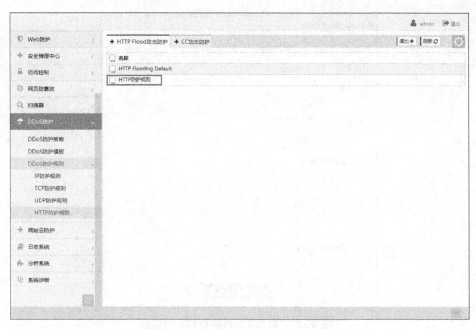

图 3-34　成功增加 HTTP 防护规则

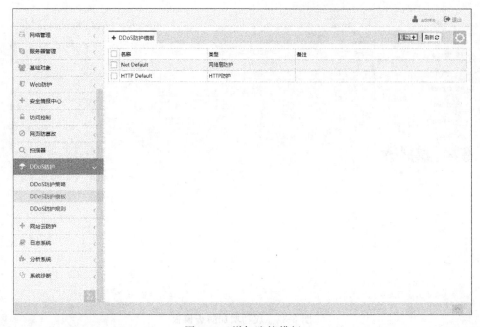

图 3-35　增加防护模板

置为"HTTP 防护规则"，其他保持默认配置，如图 3-36 所示。

（20）单击"保存"按钮，在弹出的操作成功界面中单击"确定"按钮，返回"DDoS 防护模板"界面，可见增加的防护模板，如图 3-37 所示。

（21）单击"DDoS 防护"→"DDoS 防护策略"，在"DDoS 防护策略"界面中单击"增加

图 3-36 "增加 DDoS 防护模板"界面

图 3-37 成功增加防护模板

十"按钮,增加防护策略,如图 3-38 所示。

(22) 在"增加 DDoS 防护策略"界面中,输入"名称"为"HTTP 防护策略",将"服务器"设置为"测试服务器",将"DDoS 防护模板"设置为"HTTP 防护模板",其他保持默认配置,如图 3-39 所示。

(23) 单击"保存"按钮,在弹出的操作成功界面中单击"确定"按钮,返回"DDoS 防护

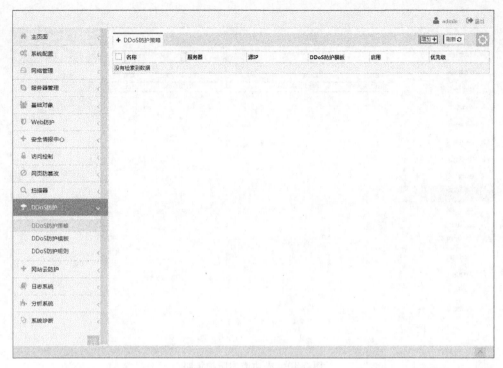

图 3-38　增加防护策略

图 3-39　"增加 DDoS 防护策略"界面

策略"界面,可见增加的防护策略,如图 3-40 所示。

(24) 单击面板左侧导航栏中的"基础对象"→"URL 列表",在"URL 列表"界面中,单击"增加＋"按钮,增加 URL 列表对象,如图 3-41 所示。

(25) 在"增加 URL 列表"界面中,输入"名称"为"172.16.2.100",其他保持默认配置,如图 3-42 所示。

(26) 单击"保存"按钮,在弹出的配置成功界面中单击"确定"按钮,返回"增加 URL 列表"界面,单击"增加"按钮,如图 3-43 所示。

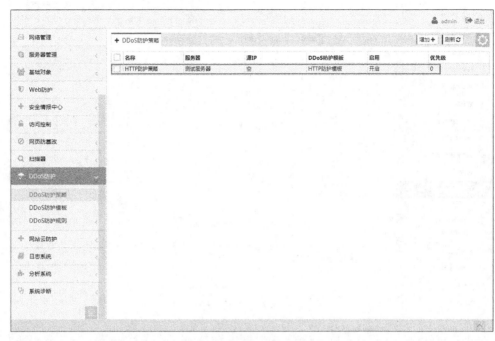

图 3-40　成功增加防护策略

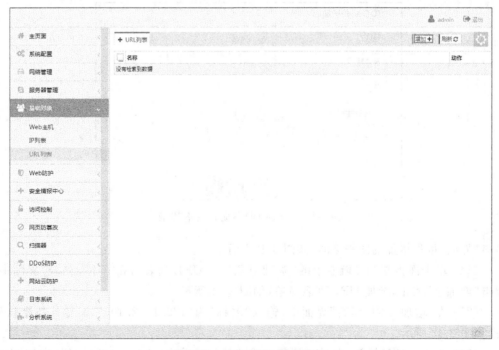

图 3-41　增加 URL 列表对象

图 3-42　"增加 URL 列表"界面

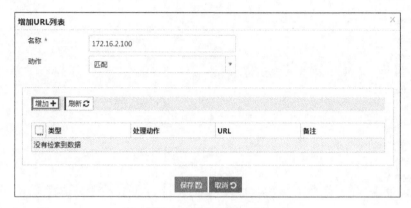

图 3-43　增加 URL 对象

(27) 在"增加 URL"界面中,输入 URL 为"172.16.2.100",其他保持默认配置,如图 3-44 所示。

图 3-44　"增加 URL"界面

(28) 单击"保存"按钮,在弹出的配置成功界面中单击"确定"按钮,返回"增加 URL 列表"界面,单击"保存"按钮,在弹出的配置成功界面中单击"确定"按钮,返回"URL 列表",可见增加的 URL 列表对象,如图 3-45 所示。

(29) 单击面板左侧导航栏中的"Web 防护"→"Web 防护规则",选择"爬虫防护规则"。在"爬虫防护规则"界面中,单击"增加＋"按钮。

(30) 在"增加爬虫防护规则"界面中,在"名称"中输入"爬虫防护规则"。

(31) 单击"保存"按钮,在弹出的配置成功界面中单击"确定"按钮,返回"增加爬虫防护规则"界面,单击"增加＋"按钮,增加防护条目,如图 3-46 所示。

(32) 在"增加爬虫防护规则条目"界面中,将"爬虫防护 URL"设置为"172.16.2.100",

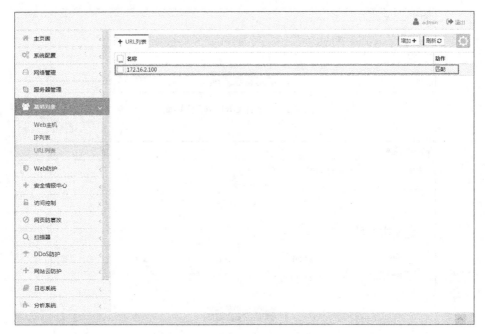

图 3-45　成功增加 URL 列表对象

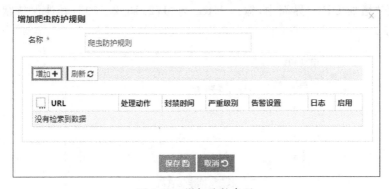

图 3-46　增加防护条目

将"处理动作"设置为"封禁",其他保持默认配置,如图 3-47 所示。

(33) 单击"保存"按钮,在弹出的配置成功界面中,单击"确定"按钮,返回"增加爬虫防护规则"界面,单击"保存"按钮,在弹出的更新成功界面中单击"确定"按钮,返回"爬虫防护规则"界面,检查增加的爬虫防护规则。

(34) 单击"Web 防护"→"Web 防护模板",在"Web 防护模板"界面中单击"增加+"按钮,增加防护模板。

(35) 在"增加 Web 防护模板"界面中,输入"名称"为"爬虫防护模板",将"爬虫防护规则"设置为"爬虫防护规则",其他保持默认配置。

(36) 单击"保存"按钮,在弹出的配置成功界面中单击"确定"按钮,返回"Web 防护模板"界面,检查增加的防护模板。

图 3-47　"增加爬虫防护规则条目"界面

（37）单击"Web 防护"→"Web 防护策略"，在"Web 防护策略"界面中，单击"增加＋"按钮，增加防护策略。

（38）在"增加 Web 防护策略"界面中，输入"名称"为"爬虫防护策略"，将"Web 防护模板"设置为"爬虫防护模板"，将"访问日志"设置为"开启"，其他保持默认配置。

（39）单击"保存"按钮，在弹出的配置成功界面中单击"确定"按钮，返回"Web 防护策略"界面，检查增加的防护策略，完成配置。

【实验预期】
产生攻击日志和 DDoS 日志。

【实验结果】

1）产生 DDoS 日志

（1）登录实验平台中对应实验拓扑左侧的 PC，进入虚拟机，如图 3-48 所示。

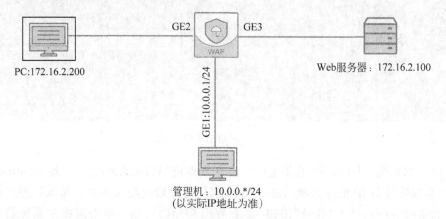

图 3-48　登录左侧虚拟机

（2）在虚拟机双击桌面的 LOIC.exe，在软件界面中，输入 IP 为"172.16.2.100"，单击 IP 右侧的"Lock on"，Method 设置为 HTTP，输入 Threads 为 1000，取消勾选右侧的"Wait for reply"复选框，其他保存默认配置，如图 3-49 所示。

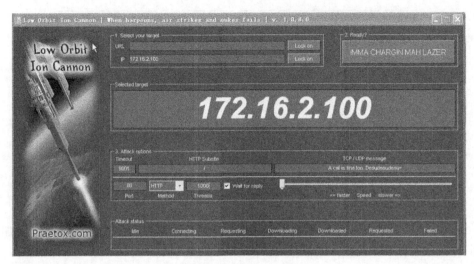

图 3-49　LOIC 界面

（3）单击"IMMA CHARGIN MAHLAZER"按钮，开始 HTTP 攻击，如图 3-50 所示。

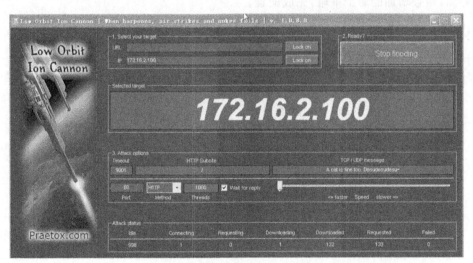

图 3-50　开始 HTTP 攻击

（4）在管理机打开浏览器，在地址栏中输入 Web 应用防火墙产品的 IP 地址"https：//10. 0.0.1"（以实际设备 IP 地址为准），进入 Web 应用防火墙的登录界面。输入管理员用户名 admin 和密码 admin，单击"登录"按钮，登录 Web 应用防火墙。单击面板左侧导航栏中的 "日志系统"→"DDoS 日志"。在"DDoS 日志"界面中，可见 HTTP 策略处理的数据包记录， 如图 3-51 所示。

（5）双击选中的记录，在弹出的"细节"界面中，可见详细信息："攻击类型"为 HTTPFlood，"DDoS 防护策略"为"HTTP 防护策略"等，符合预期要求，如图 3-52 所示。

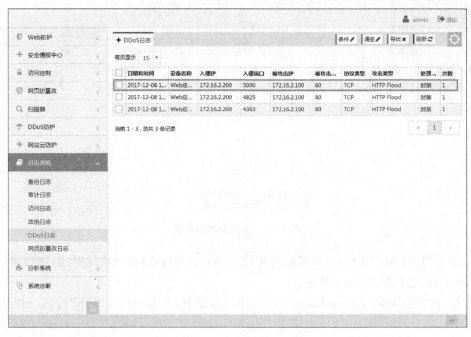

图 3-51　"DDoS 日志"界面

图 3-52　"细节"界面

2) 产生攻击日志

(1) 登录实验平台中对应实验拓扑左侧的 PC，进入虚拟机，如图 3-53 所示。

(2) 在虚拟机双击桌面的"Burp Suite Free Edition"，在"Burp Suite Free Edition"界

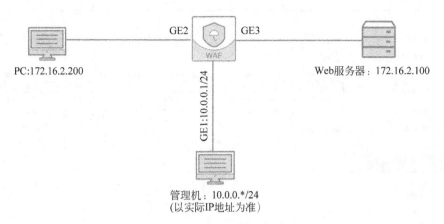

PC:172.16.2.200

GE2　GE3

WAF

Web服务器：172.16.2.100

GE1:10.0.0.1/24

管理机：10.0.0.*/24
（以实际IP地址为准）

图 3-53　登录左侧虚拟机

面中，单击"I Accept"按钮，如果提示需要输入 license key，请修改系统时间，调整至 2017
年 5 月 1 日，然后单击 Next 按钮。

（3）在"Burp Suite Free Edition v1.7.27"界面中，单击"Start Burp"按钮，如图 3-54
所示。

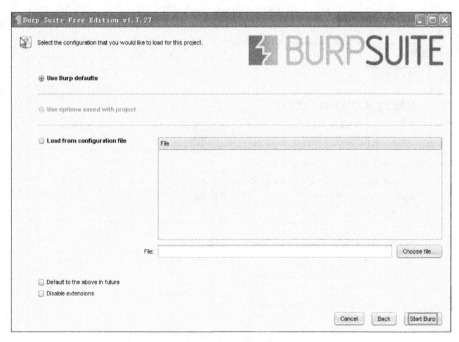

图 3-54　"Burp Suite Free Edition v1.7.27"界面

（4）双击桌面的"Mozilla Firefox"，打开火狐浏览器，如图 3-55 所示。

（5）在火狐浏览器中，单击右侧的下拉框，单击"选项"按钮。在"选项"页面中，单击
左侧导航栏最下边图标，再选择上方的"网络"，单击"设置"按钮。

（6）在"连接设置"界面中，勾选"手动配置代理"，在"HTTP 代理"行中输入"127.0.

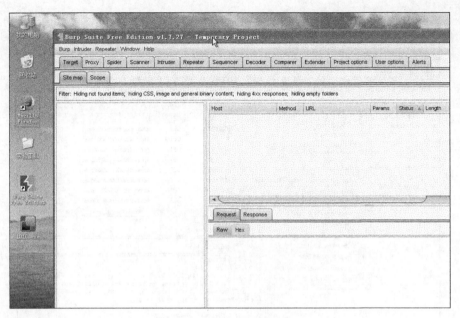

图 3-55　打开火狐浏览器

0.1"，在同一行的"端口"中输入 8080。Burp Suite 软件默认设置的代理 IP 为"127.0.0.1"，代理端口为 8080，和本实验浏览器设置的代理一致。

　　(7) 单击"确定"按钮，返回到浏览器页面，在地址栏中输入"172.16.2.100"后按 Enter 键，切换到"Burp Suite Free Edition v1.7.27"界面，单击 Proxy，可见拦截的数据包，如图 3-56 所示。

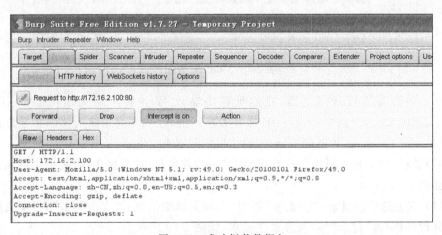

图 3-56　成功拦截数据包

　　(8) 单击 Forward 按钮，放行数据包通过，如果还出现拦截到的数据包，则再单击 Forward 按钮放行数据包。一分钟后，单击上方的 Target，可见之前放行的数据包。右击"http：//172.16.2.100"，选择"Spider this host"命令，开始对这个网站页面进行爬取操作，如图 3-57 所示。

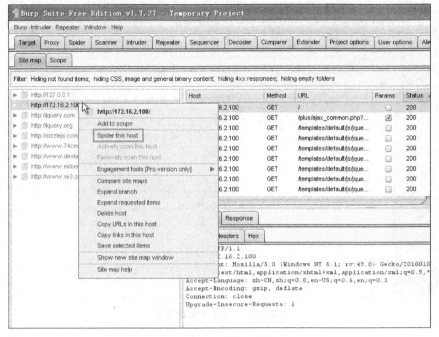

图 3-57　开始爬取

（9）在 Confirm 界面中，单击 Yes 按钮，如图 3-58 所示。

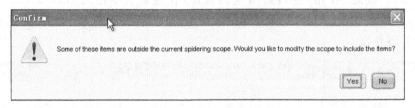

图 3-58　Confirm 界面

（10）在管理机打开浏览器，在地址栏中输入 Web 应用防火墙产品的 IP 地址 "https：//10.0.0.1"（以实际设备 IP 地址为准），进入 Web 应用防火墙的登录界面。输入管理员用户名 admin 和密码 admin，单击"登录"按钮，登录 Web 应用防火墙。单击面板左侧导航栏中的"日志系统"→"攻击日志"，在"攻击日志"界面中，可见产生的爬虫防护日志，如图 3-59 所示。

（11）双击选中的日志，在"细节"界面中，可见详细信息："攻击类型"为"爬虫防护规则"，"处理动作"为"封禁"等，符合预期要求，如图 3-60 所示。

【实验思考】

如何设置可以获取和分析网页防篡改日志？

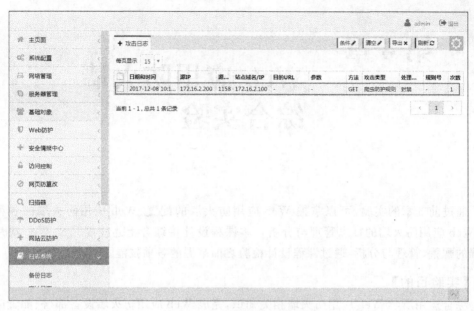

图 3-59　"攻击日志"界面

图 3-60　"细节"界面

第 4 章

Web 应用防火墙
综合实验

通过前 3 章的实验,可以掌握 Web 应用防火墙的配置、Web 应用防火墙的各种应用、Web 应用防火墙的日志管理与分析。本课程设计将综合上述技能完成 Web 应用防火墙的配置、管理与分析,通过课程设计检验之前掌握的各项技能。

【实验目的】

综合运用所学 Web 应用防火墙相关知识,完成 Web 应用防火墙设备部署、配置时的常用操作,例如多网段登录管理、基础对象配置和服务器管理等相关操作,实现 Web 应用防火墙 Web 防护、DDoS 防护和网页防篡改等安全防护功能。

【知识点】

服务器管理、DDoS 防护、网页防篡改、防盗链、爬虫防护、敏感信息检测。

【场景描述】

A 公司采购一台 Web 应用防火墙用于保护公司的 Web 服务器的安全,公司领导对 Web 应用防火墙的部署提出如下需求。

1)防火墙的基本配置

(1)设置 Web 应用防火墙的管理地址为"172.16.2.110/24",网络管理员小张的地址为"172.16.1.1/24"。小张可以访问 Web 应用防火墙。

(2)小张只允许查看 Web 应用防火墙的配置,无法修改 Web 应用防火墙的配置。

2)Web 服务器防护要求

(1)公司部署一台 Web 服务器,要求 Web 防火墙对 Web 服务器进行安全防护。

(2)网页篡改防护。

(3)爬虫防护。

(4)防盗链防护。

(5)CSRF 防护。

(6)DDoS 防护(IP、TCP、UDP、HTTP)。

(7)不允许下载 php、exe 文件。

(8)不允许上传 php、exe、html 文件。

3)备份

(1)对 Web 应用防火墙的配置备份一次。

(2) 对 Web 应用防火墙的日志备份一次。

【实验原理】

在 Web 应用防火墙课程设计中,需要综合运用 Web 应用防火墙的对象配置、策略配置、模板配置、规则配置等功能项,实现对内部服务器及网站的安全防护。

【实验设备】

- 安全设备:360 网神 Web 应用防火墙设备 1 台。
- 网络设备:路由器 1 台,交换机 1 台。
- 主机终端:Windows XP SP3 主机 2 台,Windows Server 2003 SP2 主机 3 台。

【实验拓扑】

实验拓扑如图 4-1 所示。

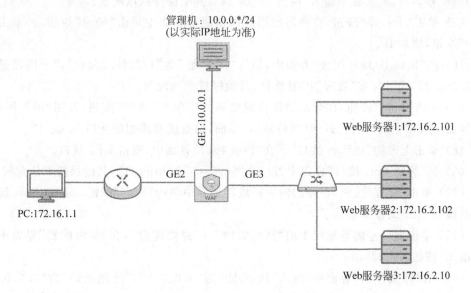

图 4-1　Web 应用防火墙综合实验拓扑

【实验思路】

(1) 配置网桥接口。

(2) 配置远程管理 IP 及路由。

(3) 配置审计员账号。

(4) 配置网页防篡改防护。

(5) 配置爬虫防护策略。

(6) 配置防盗链防护策略。

(7) 配置 CSRF 防盗链策略。

(8) 配置 IP、TCP、UDP、HTTP 防护策略。

(9) 配置文件下载防护策略。

(10) 配置文件上传防护策略。

（11）配置 Web 应用防火墙配置文件备份。

（12）配置 Web 应用防火墙日志备份。

【实验步骤】

（1）在管理机打开浏览器，在地址栏中输入 Web 应用防火墙产品的 IP 地址"https：//10.0.0.1"（以实际设备 IP 地址为准），进入 Web 应用防火墙的登录界面。输入管理员用户名 admin 和密码 admin，单击"登录"按钮，登录 Web 应用防火墙。

（2）登录 Web 应用防火墙设备后，会显示它的面板界面。

（3）单击面板左侧导航栏中的"网络管理"→"网络接口"，单击"网桥接口"。在"网桥接口"界面中，单击"增加＋"按钮，增加网桥接口。

（4）在"增加网桥接口"界面中，除默认网桥号 1 保留作为管理网桥外，输入一个不重复的网桥号即可，本实验中输入"网桥号"为"12"，其他保持默认配置。

（5）单击"下一步"按钮，在弹出的增加网桥成功界面中单击"确定"按钮，再单击"增加＋"按钮，增加 IP。

（6）在"接口 IP 地址配置"界面中，填入"IP 地址"为"172.16.2.110"，"子网掩码"为"255.255.255.0"，勾选"管理 IP"复选框，其他保持默认配置。

（7）单击"保存"按钮，在弹出的操作成功界面中单击"确定"按钮，返回"编辑网桥接口"界面，单击"完成"按钮，返回"网桥接口"界面，检查成功添加的接口 bridge12。

（8）单击上方的"＋Port 接口"。在"Port 接口"界面中，双击 GE2 接口。

（9）在"编辑 Port 接口"界面中，设置"网桥接口"为 bridge12，其他保持默认配置。

（10）单击"保存"按钮，在弹出的更新成功界面中单击"确定"按钮。返回"Port 接口"界面，检查 GE2 的配置信息。

（11）单击面板左侧导航栏中的"网络管理"→"路由配置"，在"路由配置"界面中，单击"增加"按钮，增加路由。

（12）在"增加路由"界面中，输入"IP 地址"为"0.0.0.0"，"子网掩码"为"0.0.0.0"，"下一跳"为"172.16.2.254"。

（13）单击"保存"按钮，在弹出的确认框中单击"确定"按钮，返回"路由配置"界面，检查增加的路由记录。

（14）单击面板左侧导航栏中的"系统配置"→"远程管理"，在"远程管理"界面中，单击"增加"按钮，增加远程管理 IP，此 IP 是登录管理 Web 应用防火墙设备的管理员的计算机的 IP。

（15）在"增加新的远程许可 IP 地址"界面中，输入"IP 地址"为"172.16.1.1"，"子网掩码"为"255.255.255.0"，勾选"是否允许 Ping""是否允许 Web"复选框。

（16）单击"保存"按钮，在弹出的配置成功界面中单击"确定"按钮，返回"远程管理"界面，检查添加的远程管理 IP。

（17）单击面板左侧导航栏中的"系统配置"→"WebUI 设置"，在界面中单击"重启Web 服务"。

（18）在此界面中，单击"确认"按钮，在弹出的确定界面中单击 OK 按钮，5 秒钟后，返

回登录界面。输入账户管理员用户名 account 和密码 account,单击"登录"按钮,登录
Web 应用防火墙,开始创建账户。

(19) 进入管理系统主页面,单击"系统配置"→"账户管理",再单击上方的"用户管
理"。在"用户管理"界面中,单击"增加＋"按钮,增加账户。

(20) 在"增加新用户"界面中,输入"用户名"为 zhang,"用户名"选择 auditgroup,其
他保存默认配置,增加审计管理员。

(21) 单击"保存"按钮,在弹出的操作成功界面中单击"确定"按钮,返回"用户管理"
界面,检查新增加的用户,配置完毕。

(22) 配置防篡改策略。在最左侧 PC 中打开浏览器,在地址栏中输入 Web 应用防火
墙产品的 IP 地址"https：//172.16.2.110"(以实际设备 IP 地址为准),进入 Web 应用防
火墙的登录界面。输入管理员用户名 admin 和密码 admin,单击"登录"按钮,登录 Web
应用防火墙。单击面板左侧导航栏中的"网络管理"→"网络接口",单击"Port 接口"。

(23) 双击其中的 GE3 接口,在弹出的"编辑 Port 接口"界面中,"网桥接口"选择添加
的 bridge12。

(24) 确认信息无误后,单击"保存"按钮,在弹出的配置成功界面中单击"确定"按钮,
返回"Port 接口"界面,检查 GE3 的信息是否更改。

(25) 下载 Web 应用防火墙中自带的防护客户端和发布客户端。由于实验环境限
制,防护客户端和发布客户端已提前下载到虚拟机中,在此说明下载软件的位置。单击左
侧的"网页防篡改",在其中显示"防护客户端下载",单击它,显示相应的下载页面。

(26) 单击左侧的"网页防篡改",在其中显示"发布客户端下载",单击它,显示相应的
下载页面。

(27) 配置发布服务器和防护服务器。发布客户端和防护客户端已处于启动状态。
单击左侧的"网页防篡改"→"发布服务器探测",显示"＋发布服务器探测"列表界面,显示
检测到的发布客户端信息。

(28) 单击探测到的发布服务器 aaa-f22675b1a60(以实际名称为准),然后再单击右
上角的"生成配置＋"按钮,在弹出的"发布服务器配置"界面中,"名称"输入 publish(注意
不能使用中文),"发布服务器根目录"填入虚拟机的发布目录,本实验中发布目录为
"C：\publish"。

(29) 确认信息无误后,单击"确认"按钮,在弹出的操作成功界面中单击"确定"按钮,
返回"发布服务器探测"界面。单击面板左侧导航栏中的"网页防篡改"→"发布服务器状
态",检查发布服务器是否连接成功。

(30) 单击面板左侧导航栏中的"网页防篡改"→"防护服务器探测",显示"＋防护服
务器探测"列表界面,显示检测到的防护客户端信息。

(31) 单击探测到的防护客户端 w3sp2(以实际名称为准),再单击右上角的"生成规
则＋"按钮,在弹出的"防护服务器配置"界面中,"Web 名称"输入 WebServer(不要使用
中文),其他参数保留默认值。

(32) 单击"下一步"按钮,在"Web 根目录"中输入虚拟机 PC 的网站根目录,本实验
中网站根目录为"C：\Inetpub\wwwroot"(注意输入区分大小写),其余参数不变。

（33）单击"下一步"按钮，"发布服务器"选择前述步骤添加的 publish。

（34）单击"完成"按钮，在弹出的操作成功界面中单击"确定"按钮，返回"防护服务器探测"界面。单击左侧的"防护服务器状态"，检查防护服务器是否连接成功。

（35）单击面板左侧导航栏中的"服务器管理"→"普通服务器管理"，单击上方的"HTTP 服务器"。在"HTTP 服务器"界面中，单击"增加＋"按钮，增加服务器。

（36）在"编辑 HTTP 服务器"界面中，输入"服务器名称"为"测试服务器"，"IP 地址"为"172.16.2.101/24"，"端口"为 80，设置"部署模式"为"串联"，"防护模式"为"代理模式"，"接口"为 bridge12，勾选"启用"复选框。

（37）单击"保存"按钮，在弹出的操作成功界面中单击"确定"按钮，关闭"编辑 HTTP 服务器"界面，返回"HTTP 服务器"列表界面，检查已添加的 HTTP 服务器信息。

（38）单击面板左侧导航栏中的"基础对象"→"URL 列表"，在"URL 列表"界面中，单击"增加＋"按钮，增加 URL 列表对象。

（39）在"增加 URL 列表"界面中，输入"名称"为"172.16.2.101"，其他保持默认配置。

（40）单击"保存"按钮，在弹出的配置成功界面中单击"确定"按钮，返回"增加 URL 列表"界面，单击"增加"按钮。

（41）在"增加 URL"界面中，输入"URL"为"172.16.2.101"，其他保持默认配置。

（42）单击"保存"按钮，在弹出的配置成功界面中单击"确定"按钮，返回"增加 URL 列表"界面，单击"保存"按钮，在弹出的配置成功界面中单击"确定"按钮，返回"URL 列表"，检查增加的 URL 列表对象。

（43）单击面板左侧导航栏中的"Web 防护"→"Web 防护规则"，选择"爬虫防护规则"。在"爬虫防护规则"界面中，单击"增加＋"按钮。

（44）在"增加爬虫防护规则"界面中，输入"名称"为"爬虫防护规则"。

（45）单击"保存"按钮，在弹出的配置成功界面中单击"确定"按钮，返回"增加爬虫防护规则"界面，单击"增加＋"按钮，增加防护条目。

（46）在"增加爬虫防护规则条目"界面中，"爬虫防护 URL"设置为"172.16.2.101"，"处理动作"设置为"封禁"，其他保持默认配置。

（47）单击"保存"按钮，在弹出的配置成功界面中，单击"确定"按钮，返回"增加爬虫防护规则"界面，单击"保存"按钮，在弹出的更新成功界面中单击"确定"按钮，返回"爬虫防护规则"界面，检查增加的爬虫防护规则。

（48）单击"Web 防护"→"Web 防护模板"，在"Web 防护模板"界面中单击"增加＋"按钮，增加防护模板。

（49）在"增加 Web 防护模板"界面中，输入"名称"为"爬虫防护模板"，"爬虫防护规则"选择"爬虫防护规则"，其他保持默认配置。

（50）单击"保存"按钮，在弹出的配置成功界面中单击"确定"按钮，返回"Web 防护模板"界面，检查增加的防护模板。

（51）单击"Web 防护"→"Web 防护策略"，在"Web 防护策略"界面中，单击"增加＋"按钮，增加防护策略。

（52）在"增加 Web 防护策略"界面中，输入"名称"为"爬虫防护策略"，"Web 防护模板"设置为"爬虫防护模板"，"访问日志"设置为"开启"，其他保持默认配置。

（53）单击"保存"按钮，在弹出的配置成功界面中单击"确定"按钮，返回"Web 防护策略"界面，检查增加的防护策略。

（54）配置盗链防护。单击面板左侧导航栏中的"Web 防护"→"Web 防护规则"，选择"防盗链规则"。在"防盗链规则"界面中，单击"增加＋"按钮，添加防盗链规则。

（55）在"增加防盗链规则"界面中，"名称"输入"防盗链"，单击"保存"按钮。

（56）在弹出的配置成功界面中单击"确定"按钮，返回"增加防盗链规则"界面，单击"增加＋"按钮，增加防盗链规则条目。

（57）在"增加防盗链规则条目"界面中，"保护 URL"和"Referer URL"都设置为"172.16.2.101"，"处理动作"设置为"阻断"，"严重级别"设置为"低级"，勾选"运行 Referer 为空"复选框，其他保持默认配置。

（58）单击"保存"按钮，在弹出的配置成功界面中单击"确定"按钮，返回"增加防盗链规则"界面，单击"保存"按钮，在弹出的更新成功界面中单击"确定"按钮，返回"防盗链规则"界面，检查添加成功的防盗链规则。

（59）单击"Web 防护"→"Web 防护模板"，在"Web 防护模板"界面中，单击"增加＋"按钮，增加防护模板。

（60）在"增加 Web 防护模板"界面中，输入"名称"为"防盗链模板"，"防盗链规则"选择"防盗链"，其他保持默认配置。

（61）单击"保存"按钮，在弹出的配置成功界面中单击"确定"按钮，返回"Web 防护模板"界面，检查添加的防盗链模板。

（62）单击"Web 防护"→"Web 防护策略"，在"Web 防护策略"界面中，单击"增加＋"按钮，添加盗链防护策略。

（63）在"增加 Web 防护策略"界面中，输入"名称"为"盗链防护策略"，"服务器"设置为"测试服务器"，"Web 防护模板"设置为"防盗链模板"，"访问日志"设置为"开启"，其他保持默认配置。

（64）单击"保存"按钮，在弹出的配置成功界面中单击"确定"按钮，返回"Web 防护策略"界面，检查添加的盗链防护策略，配置完毕。

（65）配置 CSRF 防护。单击面板左侧的"基础对象"→"URL 列表"，在"URL 列表"界面中，单击"增加＋"按钮，增加 URL 列表。

（66）在"增加 URL 列表"界面中，输入"名称"为"url-CSRF"，设置"动作"为"匹配"，单击"保存"按钮，在弹出的配置成功界面单击"确定"按钮。返回"增加 URL 列表"URL 界面，单击"增加＋"按钮，增加 URL。

（67）在"编辑 URL"界面中，输入 URL 为"/DVWA/vulnerabilities/csrf"，其他保持默认配置。

（68）单击"保存"按钮，在弹出的配置成功界面中单击"确定"按钮，返回"编辑 URL 列表"界面，单击"保存"按钮，在弹出的配置成功界面中单击"确定"按钮，返回"URL 列表"界面，检查配置成功的 URL 信息。

（69）单击面板左侧导航栏中的"Web 防护"→"Web 防护规则"，选择"防跨站请求伪造规则"。在"防跨站请求伪造规则"界面中，单击"增加＋"按钮，添加 CSRF 防护规则。

（70）在"增加防跨站请求伪造规则"界面中，"名称"输入 CSRF，单击"保存"按钮。

（71）在弹出的配置成功界面中单击"确定"按钮，返回"增加防跨站请求伪造规则"界面，单击"增加＋"按钮，增加防跨站请求伪造规则条目。

（72）在"增加防跨站请求伪造规则条目"界面中，"保护 URL"和"Referer URL"都设置为"url-CSRF"，"处理动作"设置为"阻断"，"请求方法"同时勾选 GET 和 POST 复选框，勾选"运行 Referer 为空"复选框，其他保持默认配置。

（73）单击"保存"按钮，在弹出的配置成功界面中单击"确定"按钮，返回"增加防跨站请求伪造规则"界面，单击"保存"按钮，在弹出的更新成功界面中单击"确定"按钮，返回"防跨站请求伪造规则"界面，检查添加的防跨站请求伪造规则。

（74）单击"Web 防护"→"Web 防护模板"，在"Web 防护模板"界面中，单击"增加＋"按钮，增加防护模板。

（75）在"增加 Web 防护模板"界面中，输入"名称"为 CSRF，"防跨站请求伪造规则"设置为 CSRF，其他保持默认配置。

（76）单击"保存"按钮，在弹出的配置成功界面中单击"确定"按钮，返回"Web 防护模板"界面中，检查添加的 CSRF 防护模板。

（77）单击"Web 防护"→"Web 防护策略"，在"Web 防护策略"界面中，单击"增加＋"按钮，添加 CSRF 防护策略。

（78）在"增加 Web 防护策略"界面中，输入"名称"为"CSRF 防护策略"，将"Web 防护模板"设置为 CSRF，"访问日志"设置为"开启"，其他保持默认配置。

（79）单击"保存"按钮，在弹出的配置成功界面中单击"确定"按钮，返回"Web 防护策略"界面，检查添加的 CSRF 防护策略，配置完毕。

（80）配置 IP DDoS 防护。单击面板左侧导航栏中的"服务器管理"→"普通服务器管理"，单击上方的"其他服务器"。在"其他服务器"界面中，单击"增加＋"按钮，增加服务器。

（81）在"增加其他服务器"界面中，输入"服务器名称"为"Web 服务器"，"IP 地址"为"172.16.2.101/24"，设置"部署模式"为"串联"，"防护模式"为"流模式"，"接口"为 bridge12，勾选"启用"复选框。

（82）单击"保存"按钮，在弹出的操作成功界面中单击"确定"按钮，返回"其他服务器"列表界面，检查添加的其他服务器信息。

（83）单击面板左侧导航栏中的"DDoS 防护"→"DDoS 防护规则"，选择"IP 防护规则"。单击"ICMP Flood 攻击防护"，在"ICMP Flood 攻击防护"界面中，单击"增加＋"按钮。

（84）在"增加 ICMP Flood 攻击防护规则"界面中，输入"名称"为"ICMP 防护规则"，将"处理动作"设置为"丢弃"，其他保持默认配置。

（85）单击"保存"按钮，在弹出的操作成功界面中单击"确定"按钮，返回"ICMP Flood 攻击防护"界面，检查增加的防护规则。

（86）单击"DDoS 防护"→"DDoS 防护模板"，在"DDoS 防护模板"界面中，单击"增加＋"按钮，增加防护模板。

（87）在"增加 DDoS 防护模板"界面中，输入"名称"为"ICMP 防护模板"，"类型"设置为"网络层防护"，"ICMP Flood 攻击防护规则"设置为"ICMP 防护规则"，其他保持默认配置。

（88）单击"保存"按钮，在弹出的操作成功界面中单击"确定"按钮，返回"DDoS 防护模板"界面，检查增加的防护模板。

（89）单击"DDoS 防护"→"DDoS 防护策略"，在"DDoS 防护策略"界面中单击"增加＋"按钮，增加防护策略。

（90）在"增加 DDoS 防护策略"界面中，输入"名称"为"ICMP 防护策略"，将"服务器"设置为"Web 服务器"，将"DDoS 防护模板"设置为"ICMP 防护模板"，其他保持默认配置。

（91）单击"保存"按钮，在弹出的操作成功界面中单击"确定"按钮，返回"DDoS 防护策略"界面，检查增加的防护策略，配置完毕。

（92）配置 TCP DDoS 防护。单击面板左侧导航栏中的"DDoS 防护"→"DDoS 防护规则"→"TCP 防护规则"。在"＋端口扫描防护"界面中，双击 Default 规则。在"编辑端口扫描防护规则"界面中，输入"名称"为 Default，勾选"ACK 扫描检测""SYN|ACK 扫描检测""RST 扫描检测""FIN 扫描检测""Connect 扫描检测"复选框，设置"总的扫描速率"为 300，"单个 ip 扫描速率"为 30，"处理动作"为"丢弃"，"严重级别"为"中级"，勾选"日志"复选框。

（93）单击"保存"按钮，在弹出的操作成功界面中单击"确定"按钮，返回"端口扫描防护"界面，单击上方的"ACK Flood 攻击防护"。

（94）在"＋ACK Flood 攻击防护"界面中，双击 Default 规则。在"编辑 ACK Flood 攻击防护规则"界面中，设置"处理动作"为"丢弃"，"严重级别"为"中级"，勾选"日志"复选框，其他保持默认配置。

（95）单击"保存"按钮，在弹出的操作成功界面中单击"确定"按钮，返回"ACK Flood 攻击防护"界面。单击面板左侧导航栏中的"DDoS 防护"→"DDoS 防护模板"。在"DDoS 防护模板"界面中，双击"HTTP Default"模块，单击"TCP 防护规则"，发现已经添加了端口扫描防护规则 Default 和 ACK Flood 攻击防护规则 Default。

（96）单击"保存"按钮，在弹出的操作成功界面中单击"确定"按钮，关闭"编辑 DDoS 防护模板"界面。单击面板左侧导航栏中的"DDoS 防护"→"DDoS 防护策略"。在"＋DDoS 防护策略"界面中，单击"增加＋"按钮，添加 DDoS 防护策略。

（97）在"增加 DDoS 防护策略"界面中，输入"名称"为"TCP 防护策略"，设置"服务器"为"测试服务器"，"源 IP"为"空"，"DDoS 防护模块"为"HTTP Default"，"优先级"为 1，勾选"启用"复选框。

（98）单击"保存"按钮，在弹出的操作成功界面中单击"确定"按钮，关闭"增加 DDoS 防护策略"。

（99）配置 UDP DDoS 防护。单击面板左侧导航栏中的"DDoS 防护"→"DDoS 防护规则",选择"UDP 防护规则"。在"UDP Flood 攻击防护"界面中,单击"增加＋"按钮。

(100) 在"增加 UDP Flood 攻击防护规则"界面中,输入"名称"为"UDP 防护规则","处理动作"设置为"丢弃",其他保持默认配置。

(101) 单击"保存"按钮,在弹出的操作成功界面中单击"确定"按钮,返回"UDP Flood 攻击防护"界面,检查增加的防护规则。

(102) 单击"DDoS 防护"→"DDoS 防护模板",在"DDoS 防护模板"界面中,单击"增加＋"按钮,增加防护模板。

(103) 在"增加 DDoS 防护模板"界面中,输入"名称"为"UDP 防护模板","类型"设置为"网络层防护",单击"UDP 防护规则","UDP 攻击防护规则"设置为"UDP 防护规则",其他保持默认配置。

(104) 单击"保存"按钮,在弹出的操作成功界面中单击"确定"按钮,返回"DDoS 防护模板"界面,检查增加的防护模板。

(105) 单击"DDoS 防护"→"DDoS 防护策略",在"DDoS 防护策略"界面中单击"增加＋"按钮,增加防护策略。

(106) 在"增加 DDoS 防护策略"界面中,输入"名称"为"UDP 防护策略","服务器"设置为"Web 服务器","DDoS 防护模板"设置为"UDP 防护模板",其他保持默认配置。

(107) 单击"保存"按钮,在弹出的操作成功界面中单击"确定"按钮,返回"DDoS 防护策略"界面,检查增加的防护策略。

(108) 配置 HTTP DDoS 防护。单击面板左侧导航栏中的"DDoS 防护"→"DDoS 防护规则",选择"HTTP 防护规则"。在"HTTP Flood 攻击防护"界面中,单击"增加＋"按钮。

(109) 在"增加 HTTP Flood 攻击防护规则"界面中,输入"名称"为"HTTP 防护规则"。

(110) 单击"保存"按钮,在弹出的操作成功界面中单击"确定"按钮,返回"增加 HTTP Flood 攻击防护规则"界面,单击"增加＋"按钮,增加防护规则。

(111) 在"增加 HTTP Flood 攻击防护规则条目"界面中,"处理动作"设置为"封禁",其他保持默认配置。

(112) 单击"保存"按钮,在弹出的操作成功界面中单击"确定"按钮,返回"增加 HTTP Flood 攻击防护规则"界面,单击"保存"按钮,在操作成功界面中单击"确定"按钮,返回"HTTP Flood 攻击防护"界面,检查增加的防护规则。

(113) 单击"DDoS 防护"→"DDoS 防护模板",在"DDoS 防护模板"界面中,单击"增加＋"按钮,增加防护模板。

(114) 在"增加 DDoS 防护模板"界面中,输入"名称"为"HTTP 防护模板",将"类型"设置为"HTTP 防护",单击"HTTP 防护规则"标签页,"HTTP Flood 攻击防护规则"设置为"HTTP 防护规则",其他保持默认配置。

(115) 单击"保存"按钮,在弹出的操作成功界面中单击"确定"按钮,返回"DDoS 防护模板"界面,检查增加的防护模板。

(116) 单击"DDoS 防护"→"DDoS 防护策略",在"DDoS 防护策略"界面中单击"增加

＋"按钮,增加防护策略。

（117）在"增加 DDoS 防护策略"界面中,输入"名称"为"HTTP 防护策略","服务器"设置为"测试服务器","DDoS 防护模板"设置为"HTTP 防护模板",其他保持默认配置。

（118）单击"保存"按钮,在弹出的操作成功界面中单击"确定"按钮,返回"DDoS 防护策略"界面,检查增加的防护策略,配置完毕。

（119）配置文件下载策略。单击面板左侧导航栏中的"Web 防护"→"Web 防护规则",选择"文件下载规则"。在"文件下载规则"界面中,单击"增加＋"按钮,添加文件下载防护规则。

（120）在"文件下载规则"界面中,"名称"输入"文件下载规则","默认动作"设置为"通过",单击"保存"按钮。

（121）在弹出的配置成功界面中单击"确定"按钮,返回"增加文件下载规则"界面,单击"增加＋"按钮,增加文件下载规则条目。

（122）在"增加文件下载规则条目"的"基本配置"界面中,"处理动作"设置为"阻断",其他保持默认配置。

（123）单击"文件类型",在"增加文件下载规则条目"的"文件类型"界面中,勾选"启用文件类型检测"复选框,在"可选文件类型"中选中"PHP""EXE"复选框,其他保持默认配置。

（124）单击"保存"按钮,在弹出的配置成功界面中单击"确定"按钮,返回"增加文件下载规则"界面,单击"保存"按钮,在弹出的更新成功界面中单击"确定"按钮,返回"文件下载规则"界面,检查添加成功的文件下载规则。

（125）单击"Web 防护"→"Web 防护模板",在"Web 防护模板"界面中,单击"增加＋"按钮,增加防护模板。

（126）在"增加 Web 防护模板"界面中,输入"名称"为"文件下载模板","文件下载规则"选择"文件下载规则",其他保持默认配置。

（127）单击"保存"按钮,在弹出的配置成功界面中单击"确定"按钮,返回"Web 防护模板"界面中,检查添加的文件下载防护模板。

（128）单击"Web 防护"→"Web 防护策略",在"Web 防护策略"界面中,单击"增加＋"按钮,添加文件下载策略。

（129）在"增加 Web 防护策略"界面中,输入"名称"为"文件下载策略","服务器"设置为"测试服务器","Web 防护模板"设置为"文件下载模板","访问日志"设置为"开启",其他保持默认配置。

（130）单击"保存"按钮,在弹出的配置成功界面中单击"确定"按钮,返回"Web 防护策略"界面,检查添加的文件下载策略,配置完毕。

（131）配置文件上传策略。单击面板左侧导航栏中的"Web 防护"→"Web 防护规则",选择"文件上传规则"。在"文件上传规则"界面中,单击"增加＋"按钮,增加文件上传规则。

（132）在"新增文件上传规则"界面中,输入"名称"为"文件上传规则","默认动作"设置为"通过"。

（133）单击"保存"按钮,在弹出的操作成功界面中单击"确定"按钮,返回"新增文件上传规则"界面,单击"增加＋"按钮。

(134) 在"新增文件上传规则条目"界面中,"处理动作"设置为"阻断",其他保持默认配置。

(135) 单击"文件类型",勾选"启用文件类型检查"复选框,选择 php、exe、html 到"检查文件类型"框中。

(136) 单击"保存"按钮,在弹出的操作成功界面中单击"确定"按钮,返回"新增文件上传规则"界面,单击"保存"按钮,在弹出的操作成功界面中单击"确定"按钮,返回"文件上传规则"界面中,检查添加的文件上传规则。

(137) 单击面板左侧的"Web 防护"→"Web 防护模板",在"Web 防护模板"界面中单击"增加＋"按钮,增加防护模板。

(138) 在"增加 Web 防护模板"界面中,输入"名称"为"文件上传防护模板","文件上传规则"设置为"文件上传规则",其他保持默认配置。

(139) 单击"保存"按钮,在弹出的操作成功界面中单击"确定"按钮,返回"Web 防护模板"界面,检查增加的防护模板。

(140) 单击面板左侧导航栏中的"Web 防护"→"Web 防护策略",在"Web 防护策略"界面中,单击"增加＋"按钮。

(141) 在"增加 Web 防护策略"界面中,输入"名称"为"文件上传防护策略","服务器"设置为"测试服务器","Web 防护模板"设置为"文件上传防护模板","访问日志"设置为"开启",其他保持默认配置。

(142) 单击"保存"按钮,在弹出的配置成功界面中单击"确定"按钮,返回"Web 防护策略"界面,检查增加的防护策略,配置完毕。

(143) 配置文件备份。单击面板左侧导航栏中的"系统配置"→"备份恢复"。在"备份恢复"界面中,单击"手工备份＋"按钮,开始备份配置。

(144) 在弹出的备份数据库成功窗口中单击"确定"按钮,返回"备份恢复"界面,检查已备份的配置数据库。

(145) 单击此记录右侧的"导出"按钮,导出备份文件,以后如果出现故障可以凭此文件恢复配置。

(146) 在弹出的界面中单击"确定"按钮。

(147) 文件保存到默认路径,本实验备份文件保存到桌面,文件名是随机产生的。

(148) 备份 Web 应用防火墙的配置信息后,更改 Web 应用防火墙配置,增加一个网桥接口。单击面板左侧导航栏中的"网络管理"→"网络接口",单击"网桥接口"。在"网桥接口"界面中,单击"增加＋"按钮,增加网桥接口。

(149) 在"增加网桥接口"界面中,输入"网桥号"为 13,其他保持默认配置。

(150) 单击"下一步"按钮,在弹出的增加网桥成功界面中单击"确定"按钮,再单击"完成"按钮,添加网桥接口,配置完毕。

(151) 单击面板左侧导航栏中的"日志系统"→"备份日志"。在"备份日志"界面中,单击"手工备份＋"按钮,开始备份 Web 应用防火墙的信息。

(152) 在弹出的界面中,显示"备份数据库成功"。

（153）单击"确定"按钮,返回"备份日志"界面,发现备份记录。单击此备份文件右侧"操作"列的"导出"按钮,导出备份文件。

（154）在弹出的界面中,设置保存的位置为"桌面",文件名由 Web 应用防火墙自动生成。

（155）单击"确定"按钮,在桌面应存有此备份文件。

【实验预期】

（1）PC 成功登录审计管理员用户。

（2）外网网页篡改攻击不成功。

（3）添加爬虫防护策略后,防火墙阻断爬虫攻击,可见爬虫防护日志。

（4）启用盗链防护策略后,用户不能访问盗链图片。

（5）启用 CSRF 防护策略后,用户访问危险网站,CSRF 攻击被拦截。

（6）添加 IP 防护策略后,防火墙阻断 ICMP 攻击,可见 IP 防护日志。

（7）添加 TCP 防护策略后,防火墙阻断 TCP 攻击,可见 TCP 防护日志。

（8）添加 UDP 防护策略后,防火墙阻断 UDP 攻击,可见 UDP 防护日志。

（9）添加 HTTP 防护策略后,Web 应用防火墙阻断 HTTP 攻击,可见 HTTP 防护日志。

（10）启用文件下载策略后,用户不能下载 PHP 和 EXE 格式的文件。

（11）启用文件上传策略后,用户不能上传 PHP、EXE 和 HTML 格式的文件。

（12）通过配置备份文件成功恢复配置。

（13）通过配置日志备份文件成功恢复配置。

【实验结果】

1）PC 成功登录审计管理员用户

（1）登录实验平台中对应实验拓扑中最左侧 PC,进入虚拟机,如图 4-2 所示。

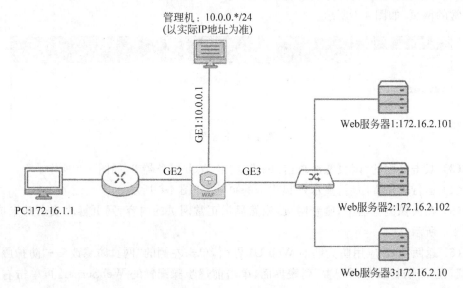

图 4-2　登录左侧虚拟机

（2）在虚拟机打开火狐浏览器，在地址栏中输入"https：//172.16.2.110"后按 Enter 键，如出现连接不安全的提示，单击页面的"高级"按钮，下拉页面，单击"添加例外"按钮，在弹出的"添加安全例外"窗口中单击"确认安全例外"按钮，则成功跳转到 Web 防火墙登录界面。输入管理员用户名 zhang 和密码 zhang。

（3）单击"登录"按钮，可以成功登录 Web 应用防火墙设备。

2）外网网页篡改攻击不成功

（1）进入实验平台对应实验拓扑中最左侧 PC，如图 4-3 所示。

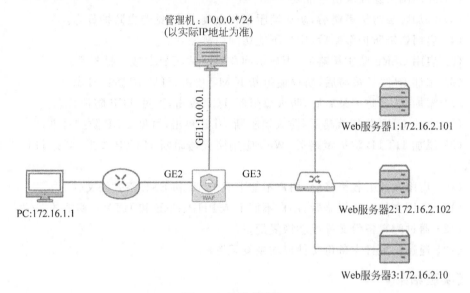

图 4-3　登录虚拟机

（2）在虚拟机桌面打开火狐浏览器，在地址栏输入"172.16.2.10"后按 Enter 键，可见正常的网页，如图 4-4 所示。

图 4-4　正常网页

（3）双击桌面的"网页篡改攻击.bat"，攻击 Web 服务器 3，如图 4-5 所示。

（4）运行攻击程序后，显示发起攻击的页面，如图 4-6 所示。

（5）在火狐浏览器中，刷新网页，依然显示正常网页的内容，网页篡改攻击并未成功，如图 4-7 所示。

（6）返回 Web 应用防火墙的 Web UI 界面，单击左侧的"网页防篡改"→"防护服务器配置"，在"＋防护服务器配置"列表界面，单击前述步骤配置的 WebServer，再单击右上角的"删除×"按钮，将该配置删除。

图 4-5　运行网页攻击程序

图 4-6　发起网页篡改攻击

图 4-7　首页未被篡改

（7）在弹出的确认窗口中单击 OK 按钮，弹出成功删除的信息，单击"确定"按钮，返回"＋防护服务器配置"界面，内容应已清空。

（8）单击"网页防篡改"→"发布服务器配置"，在"＋发布服务器配置"列表界面，单击 publish，再单击右上角的"删除 x"按钮。

（9）单击"删除×"按钮后，在弹出的确认窗口中单击 OK 按钮，弹出成功删除的信息，单击"确定"按钮，返回"＋防护服务器配置"界面，内容应已清空。

（10）一分钟后，进入实验平台对应实验拓扑最左侧的 PC 虚拟机，如图 4-8 所示。

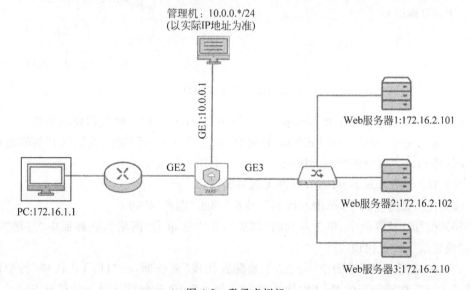

图 4-8　登录虚拟机

（11）在虚拟机桌面双击"首页篡改攻击.bat"的快捷图标，攻击 Web 服务器。

（12）运行攻击程序后，显示攻击成功的页面，如图 4-9 所示。

（13）打开火狐浏览器，刷新"172.16.2.10"的网页，可见网页已被篡改成功，符合预期要求，如图 4-10 所示。

图 4-9　发起网页篡改攻击

图 4-10　首页篡改成功

3）阻断爬虫攻击

（1）登录实验平台中对应实验拓扑中最左侧 PC，进入虚拟机，如图 4-11 所示。

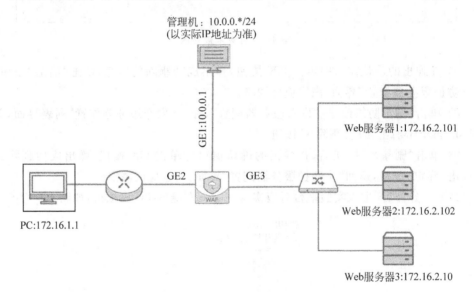

图 4-11　登录虚拟机

（2）在虚拟机双击桌面的"Burp Suite Free Edition"，用它做代理爬取网页。

（3）在"Burp Suite Free Edition"界面中，单击"I Accept"按钮，在跳转到的界面中单击 Next 按钮。之后单击"Start Burp"，成功打开 BurpSuite。

（4）双击"Mozilla Firefox"，打开火狐浏览器。

（5）在火狐浏览器中，单击右侧的下拉框，单击"选项"按钮。

（6）在"选项"界面中，单击左侧的"高级"，在中部单击"网络"，在界面中"连接"右侧单击"设置…"，设置代理。

（7）在"连接设置"界面中，勾选"手动配置代理"复选框，在"HTTP 代理"行中输入"127.0.0.1"，在同一行的 Port 中输入 8080。BurpSuite 软件默认设置的代理 IP 为"127.0.0.1"，代理端口为 8080，和本实验浏览器设置的代理一致。

（8）单击"确定"按钮，返回"选项"界面，在地址栏中输入"172.16.2.101"后按 Enter 键，切换到"Burp Suite Free Edition"界面，单击 Proxy，可见拦截的数据包，如图 4-12 所示。

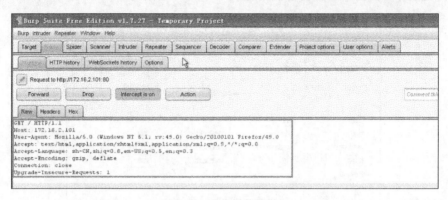

图 4-12　成功拦截数据包

（9）单击 Forward 按钮，放行数据包通过，如果还出现拦截到的数据包，则再单击 Forward 按钮放行数据包。一分钟后，单击上方的 Target，可见之前放行的数据包。右击 "http：//172.16.2.101"，单击"Spider this host"，开始对这个网站页面进行爬虫操作。

（10）在 Confirm 界面中，单击 Yes 按钮。

（11）在最左侧 PC 打开浏览器，在地址栏中输入 Web 应用防火墙产品的 IP 地址 "https：//172.16.2.110"（以实际设备 IP 地址为准），进入 Web 应用防火墙的登录界面。输入管理员用户名 admin 和密码 admin，单击"登录"按钮，登录 Web 应用防火墙。单击面板左侧导航栏中的"日志系统"→"攻击日志"，在"攻击日志"界面中，可见产生的爬虫防护日志，如图 4-13 所示。

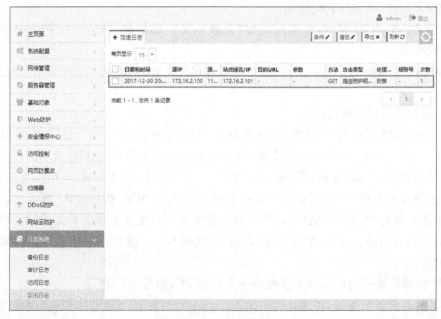

图 4-13　"攻击日志"界面

（12）双击选中的日志，在"细节"界面中，可见详细信息："攻击类型"为"爬虫防护规则"，"处理动作"为"封禁"等，符合预期要求，如图 4-14 所示。

图 4-14　"细节"界面

（13）返回最左侧 PC，取消火狐浏览器的刚才配置的手动代理。在火狐浏览器中，单击右侧的下拉框，单击"选项"按钮。

（14）在"选项"界面中，单击左侧的"高级"，在中部单击"网络"，在界面中单击"设置"，设置代理。

（15）在"连接设置"界面中，勾选"使用系统代理设置"复选框，单击"确定"按钮，配置成功。

4）用户不能访问盗链图片

（1）在最左侧 PC 打开浏览器，在地址栏中输入 Web 应用防火墙产品的 IP 地址"https：//172.16.2.110"（以实际设备 IP 地址为准），进入 Web 应用防火墙的登录界面。输入管理员用户名 admin 和密码 admin，单击"登录"按钮，登录 Web 应用防火墙。单击面板左侧导航栏中的"Web 防护"→"Web 防护策略"，在"Web 防护策略"界面中，取消勾选"爬虫防护策略""CSRF 防护策略""文件下载策略"和"文件上传防护策略"的"启用"复选框，方法为双击防护策略，取消勾选"启用"复选框即可。设置后只有"盗链防护策略"处于启用状态。

（2）登录实验平台中对应实验拓扑中最左侧 PC，如图 4-15 所示。

（3）打开火狐浏览器，在地址栏中输入"http：//172.16.2.102"，单击"商城动态"中的"盗链"，如图 4-16 所示。

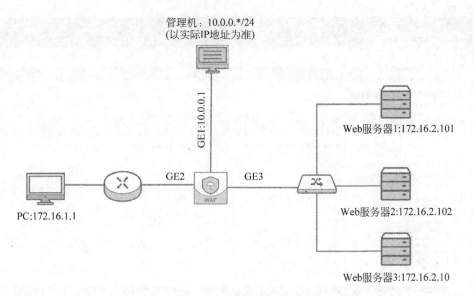

管理机：10.0.0.*/24
（以实际IP地址为准）

GE1:10.0.0.1

Web服务器1:172.16.2.101

GE2　　　　GE3

Web服务器2:172.16.2.102

PC:172.16.1.1

Web服务器3:172.16.2.10

图 4-15　进入虚拟机

图 4-16　Eshop 首页

（4）进入"盗链"页面后，不能看到图片，初步说明盗链防护策略有效，如图 4-17 所示。

（5）打开浏览器，在地址栏中输入 Web 应用防火墙产品的 IP 地址"https：//172. 16.2.110"（以实际设备 IP 地址为准），进入 Web 应用防火墙的登录界面。输入管理员用户名 admin 和密码 admin 登录 Web 应用防火墙。单击面板左侧导航栏中的"Web 防护"→"Web 防护策略"。在"Web 防护策略"界面中，双击"盗链防护策略"。

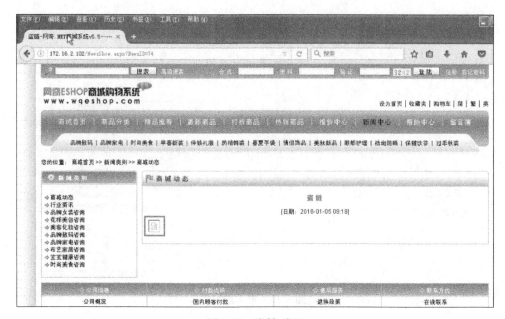

图 4-17　盗链页面

(6) 在"编辑 Web 防护策略"界面中,取消勾选"启用"复选框。单击"保存"按钮,在弹出的配置成功界面中单击"确定"按钮。打开火狐浏览器,重新访问"http://172.16.2.102",单击"商城动态"中的"盗链",如图 4-18 所示。

图 4-18　Eshop 首页

(7) 进入"盗链"页面后,盗链图片正常显示,右击图片,选择"查看图像"命令,如图 4-19 所示。

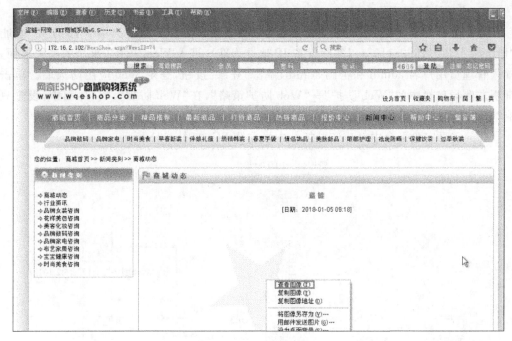

图 4-19　盗链页面

（8）出现图片，地址栏中已经显示此图片来自另一网站，属于盗链图片，说明前面设置的规则生效，符合预期要求，如图 4-20 所示。

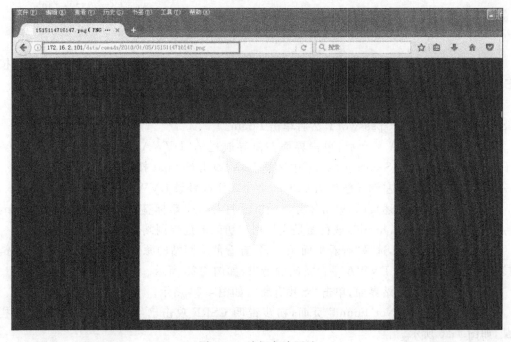

图 4-20　访问危险网站

5) 成功防护 CSRF 攻击

(1) 在最左侧 PC 打开浏览器，在地址栏中输入 Web 应用防火墙产品的 IP 地址"https：//172.16.2.110"（以实际设备 IP 地址为准），进入 Web 应用防火墙的登录界面。输入管理员用户名 admin 和密码 admin，单击"登录"按钮，登录 Web 应用防火墙。单击面板左侧导航栏中的"Web 防护"→"Web 防护策略"，在"Web 防护策略"界面中，设置只有"CSRF 防护策略"处于启用状态，方法前面已经介绍过。

(2) 登录实验平台中对应实验拓扑中最左侧 PC，如图 4-21 所示。

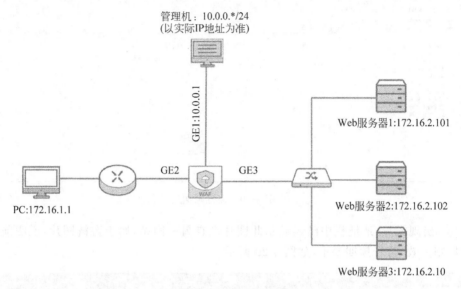

图 4-21　进入虚拟机

(3) 打开火狐浏览器，在地址栏输入"http：//172.16.2.101/DVWA/login.php"，按 Enter 键进入 DVWA 登录界面。

(4) 本实验中，DVWA 的默认用户名为 admin，密码为 password。在 Username 输入 admin，Password 输入 password，然后单击 Login。

(5) 进入 DVWA 平台后，单击界面左侧导航栏的"DVWA Security"，修改 DVWA 平台的安全级别，在"Security Level"中选择 Low，单击 Submit 按钮。

(6) 再单击界面左侧导航栏的 CSRF，会出现修改登录 DVWA 平台密码的界面。

(7) 不要关闭上述页面，单击任务栏的"+"打开一个新标签页，在地址栏输入"http：//172.16.2.102/fun.html"，该页面是模拟用户访问的危险网站，如图 4-22 所示。

(8) 右击主页面，选择"查看页面源代码"查看危险网站的源代码，"点我有奖"的超链接实际上是发送修改 DVWA 平台密码的请求，如图 4-23 所示。

(9) 返回危险网站界面，单击"点我有奖"，如图 4-24 所示。

(10) 出现"404 Not Found"页面，初步说明 CSRF 攻击已经被 Web 应用防火墙拦截，如图 4-25 所示。

(11) 在最左侧 PC 打开浏览器，在地址栏中输入防火墙产品的 IP 地址"https://172.16.2.110"（以实际设备 IP 地址为准），进入防火墙的登录界面。输入管理员用户名

图 4-22　模拟危险网站

图 4-23　危险网站源代码

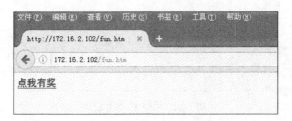

图 4-24　单击"点我有奖"

图 4-25　拦截页面

admin 和密码 admin 登录防火墙。单击面板左侧导航栏中的"Web 防护"→"Web 防护策略"。在"Web 防护策略"界面中，双击"CSRF 防护策略"，取消勾选"启用"复选框，单击"保存"按钮，在弹出的操作成功界面中单击"确定"按钮，返回"Web 防护策略"界面中，可见策略成功被禁用。

（12）登录实验拓扑中最左侧的 PC，再次单击"点我有奖"链接，如图 4-26 所示。

（13）页面跳转至 DVWA 修改密码界面，并且显示"Password Changed"，CSRF 攻击成功，DVWA 平台的登录密码被修改为 123，如图 4-27 所示。

图 4-26　单击"点我有奖"

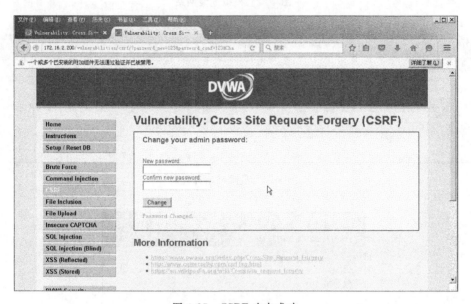

图 4-27　CSRF 攻击成功

（14）在地址栏中输入"http：//172.16.2.101/DVWA/login.php"，返回 DVWA 平台登录界面，Username 输入 admin，Password 输入 123，单击 Login，如图 4-28 所示。

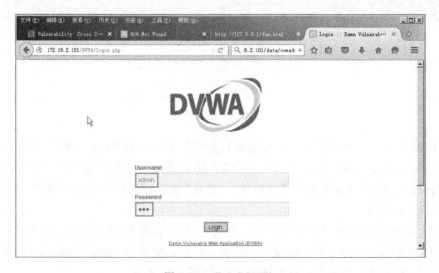

图 4-28　登入 DVWA

（15）成功登录，说明之前设置的策略有效，符合预期要求，如图 4-29 所示。

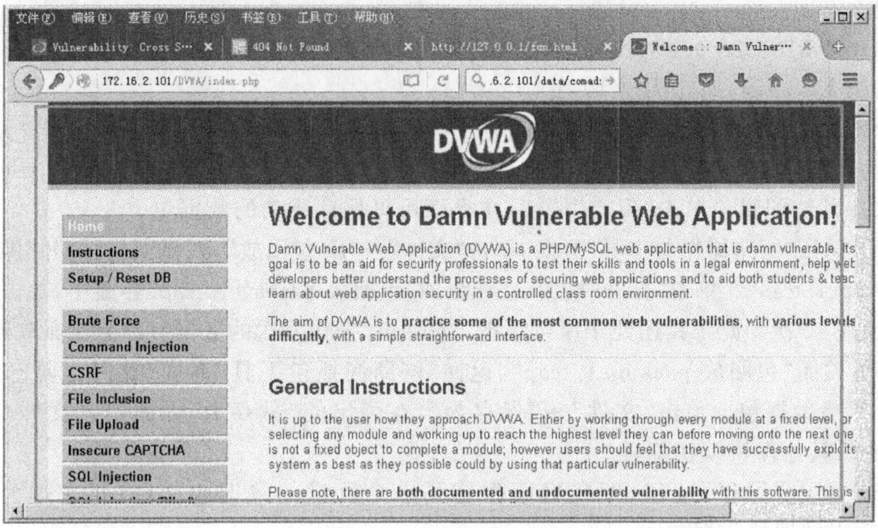

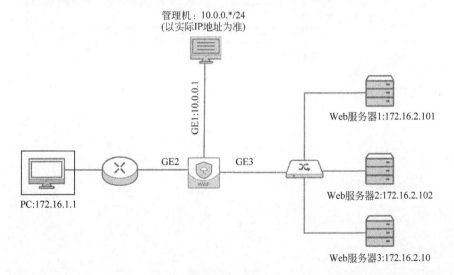

图 4-29　成功登录

6）成功拦截 ICMP 攻击

（1）在最左侧 PC 打开浏览器，在地址栏中输入 Web 应用防火墙产品的 IP 地址"https：//172.16.2.110"（以实际设备 IP 地址为准），进入 Web 应用防火墙的登录界面。输入管理员用户名 admin 和密码 admin，单击"登录"按钮，登录 Web 应用防火墙。单击面板左侧导航栏中的"DDoS 防护"→"DDoS 防护策略"，在"DDoS 防护策略"界面中，只启动"ICMP 防护策略"，方法为双击策略，只勾选"ICMP 防护策略"的"启动"复选框，取消勾选其他策略的"启动"复选框，设置完毕。

（2）登录实验平台中对应实验拓扑中最左侧 PC，进入虚拟机，如图 4-30 所示。

管理机：10.0.0.*/24
（以实际IP地址为准）

GE1:10.0.0.1

GE2　　　GE3

Web服务器1:172.16.2.101

Web服务器2:172.16.2.102

Web服务器3:172.16.2.10

PC:172.16.1.1

WAF

图 4-30　登录左侧虚拟机

（3）在虚拟机双击桌面的"IPAnalyse.exe"，在软件界面中，单击三角形绿色按钮，开始抓包。

（4）单击"开始"→"命令提示符"，在"命令提示符"界面中，输入命令"ping 172.16.2.101"后按 Enter 键，如此反复 10 次。

（5）在数据抓包软件（如网路岗抓包工具）界面中可见抓到的数据包，单击"文件"→"保存为"，在弹出的"另存为"界面中，"保存在"设置为"桌面"，"文件名"输入 package1，其他保持默认配置。单击"保存"按钮，在桌面可见保存成功的数据包。

（6）返回"网路岗抓包工具"界面，单击"文件"→"IP 包回放"，在弹出的"打开"界面中单击"package1.tcap"。单击"打开"按钮，在弹出的"包回放-package1.tcap"界面中，单击"开始"按钮，反复 10 次。此工具还处于抓包状态，"包回放"操作发送的数据包都会被抓取到。

（7）关闭"包回放-package1.tcap"，返回"网路岗抓包工具"界面，此时工具已经抓取了一个巨量数据包。单击"文件"→"保存为"，在弹出的"另存为"界面中，"文件名"输入 package2，其他保持默认配置。

（8）单击"保存"按钮，即在桌面生成了一个巨量的数据包文件，将它作为 ICMP Flood 攻击的回放数据包。

（9）返回"网路岗抓包工具"界面，单击"文件"→"IP 包回放"，在弹出的"打开"界面中，选择"package2.tcap"。单击"打开"按钮，在弹出的"包回放-package2.tcap"界面中，单击"开始"按钮，成功发送巨量数据包。

（10）在最左侧 PC 打开浏览器，在地址栏中输入 Web 应用防火墙产品的 IP 地址"https://172.16.2.110"（以实际设备 IP 地址为准），进入 Web 应用防火墙的登录界面。输入管理员用户名 admin 和密码 admin，单击"登录"按钮，登录 Web 应用防火墙。单击面板左侧导航栏中的"日志系统"→"DDoS 日志"。在"DDoS 日志"界面中可见 IP 策略处理的数据包。如没有出现拦截记录，可能是系统繁忙的原因，请耐心等待结果，如图 4-31 所示。

图 4-31 "DDoS 日志"界面

（11）双击选中的记录，在弹出的"细节"界面中，可见详细信息："攻击类型"为"ICMP Flood"，"协议类型"为"ICMP"，符合预期要求，如图 4-32 所示。

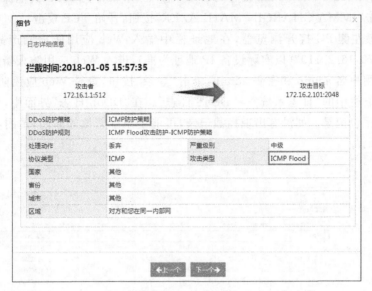

图 4-32　"细节"界面

7）成功拦截 TCP DDoS 攻击

（1）在最左侧 PC 打开浏览器，在地址栏中输入 Web 应用防火墙产品的 IP 地址"https：//172.16.2.110"（以实际设备 IP 地址为准），进入 Web 应用防火墙的登录界面。输入管理员用户名 admin 和密码 admin，单击"登录"按钮，登录 Web 应用防火墙。单击面板左侧导航栏中的"DDoS 防护"→"DDoS 防护策略"，在"DDoS 防护策略"界面中，只启动"TCP 防护策略"。

（2）登录实验平台中对应实验拓扑中最左侧 PC，进入虚拟机，如图 4-33 所示。

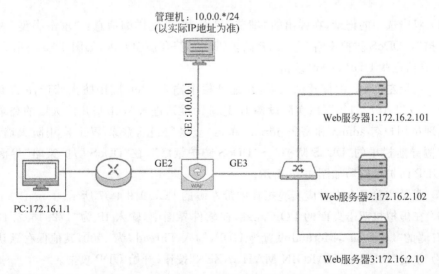

图 4-33　登录虚拟机

（3）在虚拟机双击桌面的 LOIC.exe，在软件界面中，输入 IP 为"172.16.2.101"，单击 IP 右侧的"Lock on"，Method 设置为 TCP，输入 Threads 为 1000，其他保存默认配置。

（4）单击"IMMA CHARGIN MAHLAZER"按钮，开始 TCP 攻击。

（5）在最左侧 PC 打开浏览器，在地址栏中输入 Web 应用防火墙产品的 IP 地址 "https：//172.16.2.110"（以实际设备 IP 地址为准），进入 Web 应用防火墙的登录界面。输入管理员用户名 admin 和密码 admin，单击"登录"按钮，登录 Web 应用防火墙。单击面板左侧导航栏中的"日志系统"→"DDoS 日志"。在"DDoS 日志"界面中，可见 TCP 策略处理的数据包记录。如没有出现拦截记录，可能是系统繁忙的原因，请耐心等待结果，如图 4-34 所示。

图 4-34 "DDoS 日志"界面

（6）双击选中的记录，在弹出的"细节"界面中，可见详细信息："攻击类型"为"TCP 端口扫描"，"DDoS 防护策略"为"TCP 防护策略"，符合预期要求，如图 4-35 所示。

8）成功拦截 UDP DDoS 攻击

（1）在最左侧 PC 中打开浏览器，在地址栏中输入 Web 应用防火墙产品的 IP 地址 "https：//172.16.2.110"（以实际设备 IP 地址为准），进入 Web 应用防火墙的登录界面。输入管理员用户名 admin 和密码 admin，单击"登录"按钮，登录 Web 应用防火墙。单击面板左侧导航栏中的"DDoS 防护"→"DDoS 防护策略"，在"DDoS 防护策略"界面中，只启动"UDP 防护策略"，如图 4-36 所示。

（2）登录实验平台中对应实验拓扑中最左侧的 PC，如图 4-37 所示。

（3）在虚拟机双击桌面的 LOIC.exe，在软件界面中，输入 IP 为"172.16.2.101"，单击 IP 右侧的"Lock on"，Method 设置为 UDP，输入 Threads 为 1000，其他保存默认配置。

（4）单击"IMMA CHARGIN MAHLAZER"按钮，开始 UDP 攻击。

（5）在最左侧 PC 打开浏览器，在地址栏中输入 Web 应用防火墙产品的 IP 地址

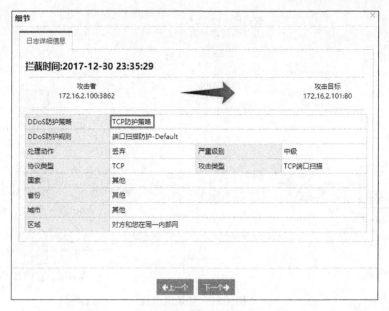

图 4-35 "细节"界面

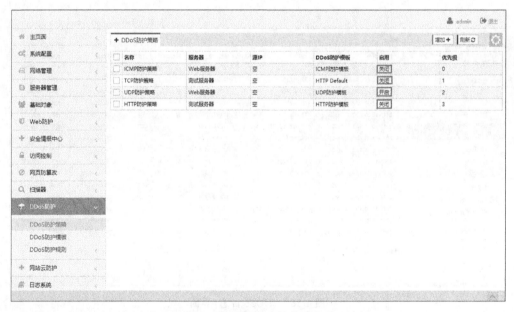

图 4-36 设置策略的启动状态

"https://172.16.2.110"(以实际设备 IP 地址为准),进入 Web 应用防火墙的登录界面。输入管理员用户名 admin 和密码 admin,单击"登录"按钮,登录 Web 应用防火墙。单击面板左侧导航栏中的"日志系统"→"DDoS 日志"。在"DDoS 日志"界面中,可见 UDP 策略处理的数据包记录。如没有出现拦截记录,可能是系统繁忙的原因,请耐心等待结果,如图 4-38 所示。

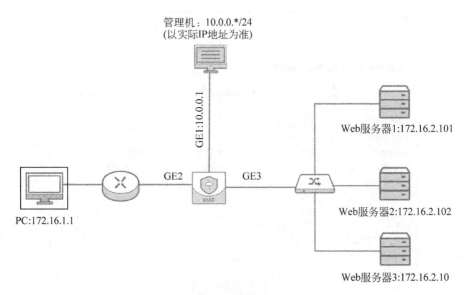

图 4-37　登录虚拟机

图 4-38　"DDoS 日志"界面

（6）双击选中的记录，在弹出的"细节"界面中，可见详细信息："攻击类型"为"UDP Flood"，"DDoS 防护策略"为"UDP 防护策略"，符合预期要求，如图 4-39 所示。

9）成功拦截 HTTP DDoS 攻击

（1）在最左侧 PC 打开浏览器，在地址栏中输入 Web 应用防火墙产品的 IP 地址"https：//172.16.2.110"（以实际设备 IP 地址为准），进入 Web 应用防火墙的登录界面。输入管理员用户名 admin 和密码 admin，单击"登录"按钮，登录 Web 应用防火墙。单击

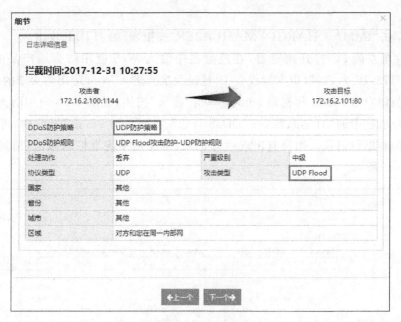

图 4-39　"细节"界面

面板左侧导航栏中的"DDoS 防护"→"DDoS 防护策略",在"DDoS 防护策略"界面中,只启动"HTTP 防护策略"。

（2）登录实验平台中对应实验拓扑中最左侧的 PC,如图 4-40 所示。

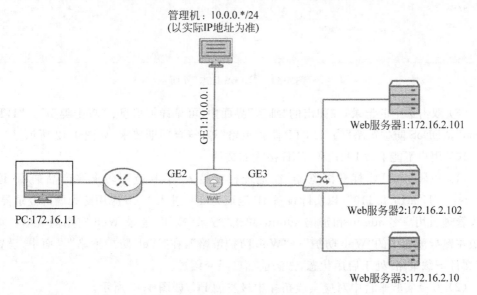

图 4-40　登录虚拟机

（3）在虚拟机双击桌面的 LOIC. exe,在软件界面中,输入 IP 为"172. 16. 2. 101",单击 IP 右侧的"Lock on",Method 设置为 HTTP,填入 Threads 为 1000,其他保存默认

配置。

（4）单击"IMMA CHARGIN MAHLAZER"按钮，开始 HTTP 攻击。

（5）在最左侧 PC 打开浏览器，在地址栏中输入 Web 应用防火墙产品的 IP 地址"https：//172.16.2.110"（以实际设备 IP 地址为准），进入 Web 应用防火墙的登录界面。输入管理员用户名 admin 和密码 admin，单击"登录"按钮，登录 Web 应用防火墙。单击面板左侧导航栏中的"日志系统"→"DDoS 日志"。在"DDoS 日志"界面中，可见 HTTP 策略处理的数据包记录。如没有出现拦截记录，可能是系统繁忙的原因，请耐心等待结果，如图 4-41 所示。

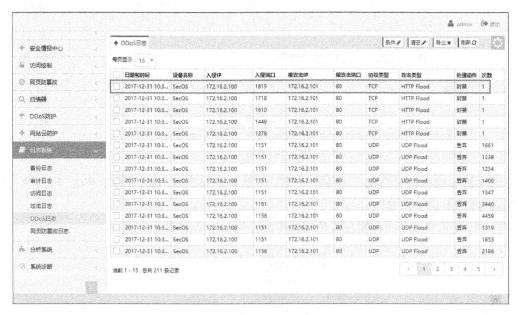

图 4-41　"DDoS 日志"界面

（6）双击选中的记录，在弹出的"细节"界面中，可见详细信息："攻击类型"为"HTTP Flood"，"DDoS 防护策略"为"HTTP 防护策略"等，符合预期要求，如图 4-42 所示。

10）用户不能下载 PHP 和 EXE 格式的文件

（1）在最左侧 PC 打开浏览器，在地址栏中输入 Web 应用防火墙产品的 IP 地址"https：//172.16.2.110"（以实际设备 IP 地址为准），进入 Web 应用防火墙的登录界面。输入管理员用户名 admin 和密码 admin，单击"登录"按钮，登录 Web 应用防火墙。单击面板左侧导航栏中的"Web 防护"→"Web 防护策略"，在"Web 防护策略"界面中，设置只有"文件下载策略"处于启用状态，方法前面已经介绍过。

（2）登录实验平台中对应实验拓扑中最左侧 PC，如图 4-43 所示。

（3）打开火狐浏览器，在地址栏输入"172.16.2.101/discuz/forum.php"，按 Enter 键进入 Discuz 论坛首页，如图 4-44 所示。

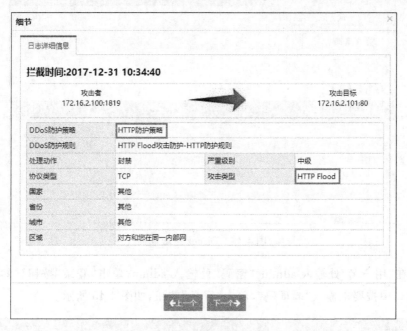

图 4-42　"细节"界面

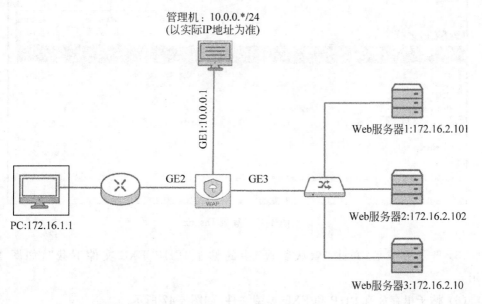

图 4-43　进入虚拟机

图 4-44   Discuz 论坛首页

（4）在"用户名"处输入 admin，"密码"处输入 admin，单击"登录"按钮。然后在弹出的验证窗口中按要求输入"验证码"，单击"登录"按钮，如图 4-45 所示。

图 4-45   登录 Discuz

（5）登录完成后，单击"默认版块"中的帖子"PHP、EXE 文件下载"，如图 4-46 所示。

（6）帖子里存放有 PHP 和 EXE 类型文件，如图 4-47 所示。

（7）单击 test2.exe，弹出"页面载入出错"的页面，初步说明 EXE 格式文件的下载已被拦截，如图 4-48 所示。

图 4-46　进入帖子

图 4-47　帖子内容界面

图 4-48　"页面载入出错"页面之一

（8）返回原页面，单击 test1.php，弹出"页面载入出错"的页面，初步说明 PHP 格式文件的下载已被拦截，如图 4-49 所示。

图 4-49　"页面载入出错"页面之二

（9）在管理机打开浏览器，在地址栏中输入防火墙产品的 IP 地址"https://10.0.0.1"（以实际设备 IP 地址为准），进入防火墙的登录界面。输入管理员用户名 admin 和密码 admin 登录防火墙。单击面板左侧导航栏中的"Web 防护"→"Web 防护策略"。在"Web 防护策略"界面中，双击"文件下载策略"。

（10）在"编辑 Web 防护策略"界面中，取消勾选"启用"复选框。单击"保存"按钮，在弹出的配置成功界面中单击"确定"按钮。

（11）返回实验平台中对应实验拓扑中左侧的 WXPSP3，在网站页面中单击 test2.exe，然后在弹出的提示窗中单击"保存文件"按钮，单击"确定"按钮，成功下载 EXE 类型文件，如图 4-50 所示。

（12）单击 test1.php，然后在弹出的提示窗中选择"保存文件"，单击"确定"按钮，成功下载 PHP 类型文件，说明之前设置的策略有效，符合预期要求，如图 4-51 所示。

图 4-50　下载 PNG 文件

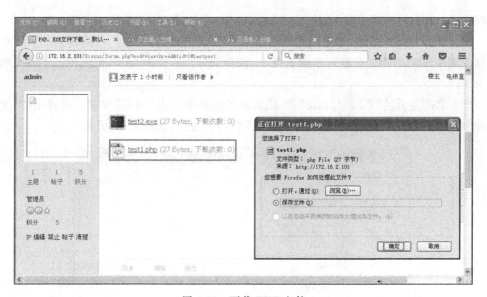

图 4-51　下载 TXT 文件

11）用户不能上传 PHP、EXE 和 HTML 格式的文件

（1）在最左侧 PC 打开浏览器，在地址栏中输入 Web 应用防火墙产品的 IP 地址 "https：//172.16.2.110"（以实际设备 IP 地址为准），进入 Web 应用防火墙的登录界面。输入管理员用户名 admin 和密码 admin，单击"登录"按钮，登录 Web 应用防火墙。单击面板左侧导航栏中的"Web 防护"→"Web 防护策略"，在"Web 防护策略"界面中，设置只有"文件上传策略"处于启用状态，方法前面已经介绍过。

（2）登录实验平台中对应实验拓扑最左侧的 PC，如图 4-52 所示。

（3）在虚拟机打开 IE 浏览器，在地址栏中输入"172.16.2.101/DVWA"后按 Enter 键，

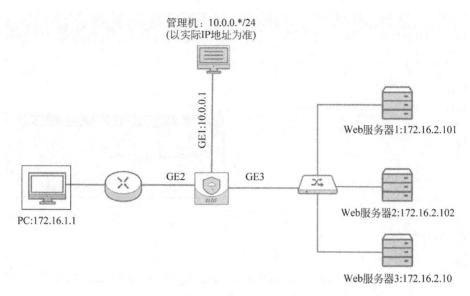

图 4-52　登录虚拟机

访问网站。在首页登录界面中，输入 Username 为 admin，Password 为 password。

（4）双击 Login 按钮，如果浏览器弹出确认框，单击"是"按钮。在跳转到的页面中单击"DVWA Security"。在跳转到的页面中，选择 low。单击 Submit，可见网站的安全级别为 low。

（5）单击左侧的"File Upload"，在跳转到的页面中单击"浏览"按钮。在弹出的"文件上传"界面中，单击"桌面"的 test1.php，单击"打开"按钮，如图 4-53 所示。

图 4-53　选择文件

（6）返回页面，单击 Upload 按钮，如图 4-54 所示。

（7）页面显示失败信息，初步说明文件上传失败，如图 4-55 所示。

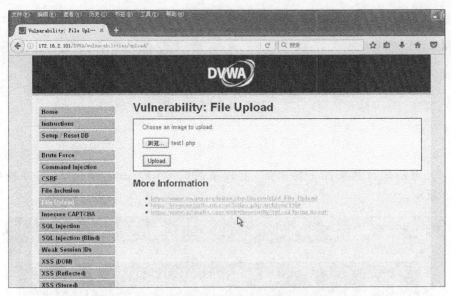

图 4-54　上传文件 test1

图 4-55　上传文件 test1 失败

（8）重新跳转到文件上传页面，上传桌面的 test2.exe，单击 Upload 按钮，如图 4-56 所示。

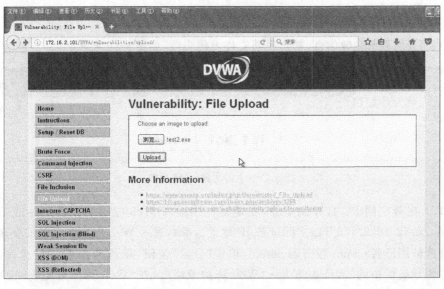

图 4-56　上传文件 test2

(9) 页面显示失败信息,初步说明文件上传失败,如图 4-57 所示。

图 4-57　上传文件 test2 失败

(10) 重新跳转到文件上传页面,上传桌面的 test3. html,单击 Upload 按钮,如图 4-58 所示。

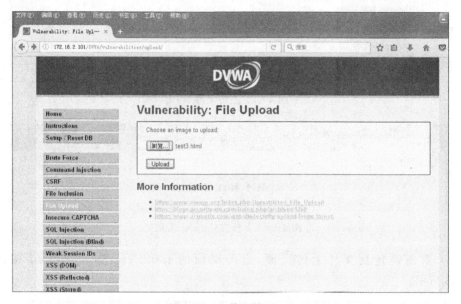

图 4-58　上传文件 test3

(11) 页面显示失败信息,初步说明文件上传失败,如图 4-59 所示。

图 4-59　上传文件 test3 失败

(12) 在最左侧 PC 打开浏览器,在地址栏中输入 Web 应用防火墙产品的 IP 地址"https://172.16.2.110"(以实际设备 IP 地址为准),进入 Web 应用防火墙的登录界面。输入管理员用户名 admin 和密码 admin,单击"登录"按钮,登录 Web 应用防火墙。单击面板左侧导航栏中的"Web 防护"→"Web 防护策略"。在"Web 防护策略"界面中双击"文件上传防护策略"。

（13）在"编辑 Web 防护策略"界面中，取消勾选"启用"复选框，其他保持默认配置。

（14）单击"保存"按钮，在弹出的配置成功界面中单击"确定"按钮。登录实验平台中对应实验拓扑最左侧的 PC，进入虚拟机。在虚拟机的浏览器中，重新跳转到之前的文件上传页面，上传桌面的 test1.php，单击 Upload 按钮，如图 4-60 所示。

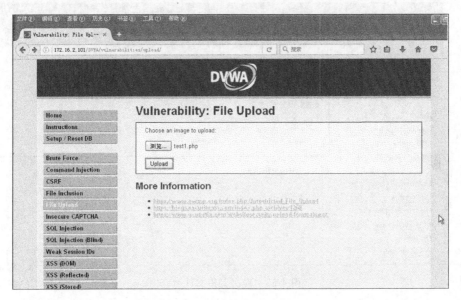

图 4-60　再次上传文件 test1

（15）成功上传文件，如图 4-61 所示。

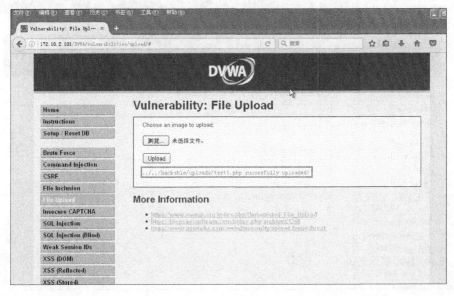

图 4-61　成功上传文件 test1

（16）重新跳转到之前的文件上传页面，上传桌面的 test2.exe，单击 Upload 按钮，如图 4-62 所示。

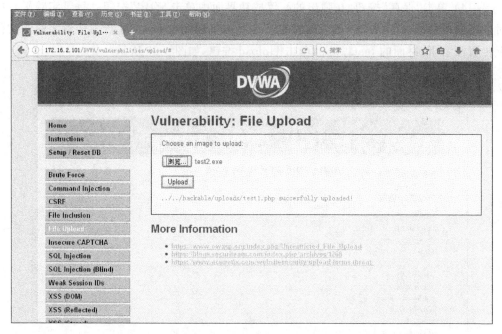

图 4-62　再次上传文件 test2

（17）成功上传文件，如图 4-63 所示。

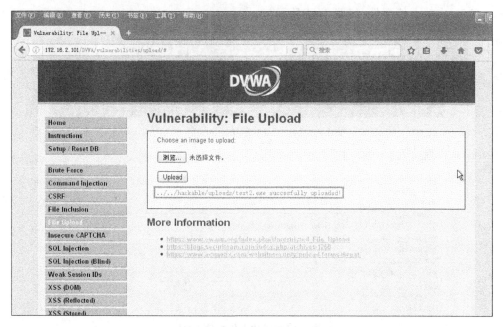

图 4-63　成功上传文件 test2

（18）重新跳转到之前的文件上传页面，上传桌面的 test3.html，单击 Upload 按钮，如图 4-64 所示。

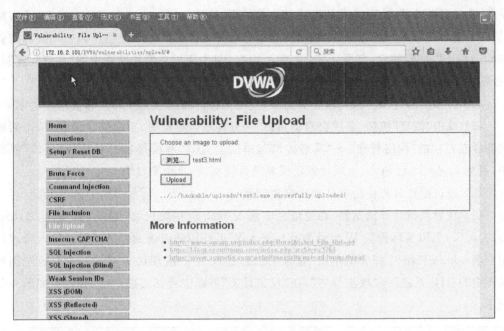

图 4-64　再次上传文件 test3

（19）成功上传文件，可见之前设置的策略有效，符合预期要求，如图 4-65 所示。

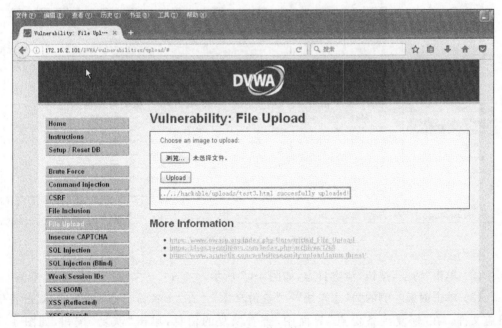

图 4-65　成功上传文件 test3

12）通过配置备份文件成功恢复配置

（1）现在 Web 应用防火墙增加了一条名为 bridge13 的网桥接口。在管理机打开浏览器，在地址栏中输入 Web 应用防火墙产品的 IP 地址"https：//172.16.2.110"（以实际设备 IP 地址为准），进入 Web 应用防火墙的登录界面。输入管理员用户名 admin 和密码 admin，单击"登录"按钮，登录 Web 应用防火墙。单击面板左侧导航栏中的"系统配置"→"备份恢复"，在"备份恢复"界面中双击配置文件。

（2）在弹出的"恢复到备份点"界面中，应可见备份的配置文件的详细信息。

（3）单击"恢复"按钮，系统会自动重启，一分钟后恢复配置，重新登录设备，单击面板左侧导航栏中的"网络管理"→"网络接口"，单击上方的"网桥接口"，在"网桥接口"界面中，可见 bridge13 已消失，说明设备已恢复至备份点，符合预期要求。

13）通过配置日志备份文件成功恢复配置

（1）在管理机打开浏览器，在地址栏中输入 Web 应用防火墙产品的 IP 地址"https：//10.0.0.1"（以实际设备 IP 地址为准），进入 Web 应用防火墙的登录界面。输入管理员用户名 admin 和密码 admin，单击"登录"按钮，登录 Web 应用防火墙。单击面板左侧导航栏中的"日志系统"→"攻击日志"，在"攻击日志"界面中可见之前产生的日志，如图 4-66所示。

图 4-66　备份文件列表

（2）单击"清空"按钮，清空日志，如图 4-67 所示。

（3）单击面板左侧的"日志系统"→"备份日志"。在"＋备份日志"界面中，双击备份日志文件。在"恢复到备份点"界面中，查看恢复的信息，单击"恢复"按钮，如图 4-68所示。

（4）Web 应用防火墙恢复数据并返回登录界面。输入管理员用户名 admin 和密码admin，

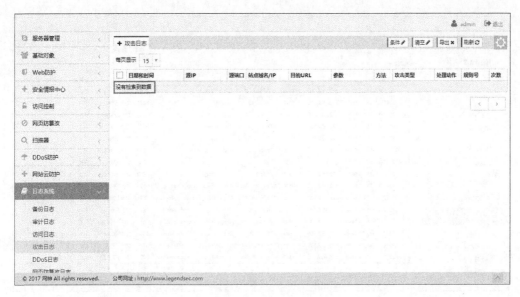

图 4-67　清空日志

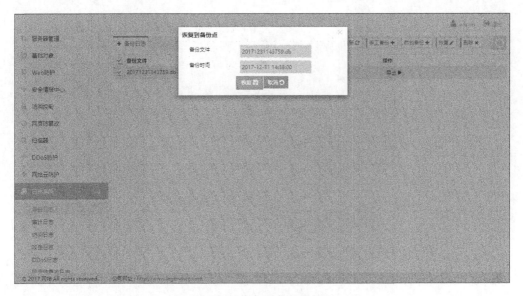

图 4-68　恢复到备份点界面

单击"登录"按钮，登录 Web 应用防火墙。单击面板左侧的"日志系统"→"攻击日志"，发现日志恢复，说明配置成功，符合预期要求，如图 4-69 所示。

【实验思考】

如果实验中的所有已配置的防护策略都处于启用状态，会出现什么问题？如何解决这个问题？

图 4-69　恢复到之前的状态